U0092649

序例

一　本書依照四時八節標準爲縱的方面排列，其內容概分「春令食譜」「夏令食譜」「秋令食譜」「冬令食譜」四大編，故定名「四時循環食譜。」——揚子法言曰：「食如蟻」擧凡飲食之精細，講來不厭求詳。

一　每編分爲四章：第一章點心門，第二章葷盆門，第三章熱炒門，第四章大菜門。每章各分十個節目，全書共一百六十節，子目不勝枚擧，約計十萬餘言，完全就各地風俗習慣情形，寫出各省名菜烹調祕術，作橫的方面敍述而成。——淮南子曰「煎熬烹炙調齊和之適，以窮荊吳甘酸之變；」本書編者，即本斯意。

一　每節又分「選料」「做法」「喫法」三項。「選料」是說明材料分量的支配，惟方法各異而材料分量相同者，恕不重複列入「做法」是說明烹調的方法，每節至少在兩種以上；餘則類推，變化無窮。「喫法」世人都不注意，坊間各食譜從無論及，今本書寫「喫的藝術」實爲創格！——魏文帝詔曰「三世長者知服食」甚矣，被服飲食之難曉，非長者不別。

一　本書帶有飲食文藝性，凡飲食　考據文藝的欣賞，莫不詳爲搜羅。其他關于實際常識方面，亦有極大的貢獻。——古諺曰：「智若禹湯不如嘗更」這是我的經驗主義。

一

四季烹調

家庭新食譜目次

甲、春令食譜

第一章 點心

常熟時希聖著

第二章 葷盆

第三章　熱炒

第二章 葷盆

第三章 熱炒

第四章　大菜

丙、秋令食譜

第一章 點心

第二章 冷盆

第三章　熱炒

第四章　大菜

丁、冬令食譜

第一章　點心

第二章 冷盆

第三章 熱炒

第四章 大菜

家庭新食譜

常熟時希聖著

春令食譜

第一章　點心

第一節　春卷

春卷是新春的食品。普通家庭，每逢歲首，有親戚朋友來賀年，大抵饗以點心二色，一爲「年糕」一即「春卷」。春卷所以爲新年的應時食品，大概因爲她的形色可愛，取其祝頌新年發財之意，春卷做法，可分兩種：一用汆法，名叫汆春卷；一用蒸法，名叫蒸春卷。今把她的做法，詳細說明于下。

選料：

1.春卷皮十二兩（市上有售，原料是眞粉【即菉豆粉】做成的。）

2.猪肉一斤（買腿花肉切絲，加韭芽，冬筍絲，放入油鍋中，炒數分鐘，再加黃酒及醬油，炒熟即得。其他如蝦仁，雞絲亦可隨意加入。）

3.皮凍一小碗（用肉皮加清水黃酒等作料，燜煮極爛，即成。把他裹入春卷中，即能皮薄多露而不溢。或用洋菜亦可。）

4.油二斤（這是汆春卷用的，不論菜油，豆油或葷油均可。——以上是汆春卷的材料。）

5.眞粉漿一碗（把眞粉加清水調和後應用。——這是汆春卷用的。）

做法：

（一）汆春卷

1.把春卷皮放在鍋上蒸熱，取起，即可每張分開，用箸將肉絲，韭芽筍絲，及皮凍等放上，包成三四寸長的卷子。

2.再把油鍋煎熱，待透，即把春卷浸入眞粉漿內，逐個投進油鍋中，汆至黃透，便可撈起供客。

（二）蒸春卷

1. 把春卷皮上鍋蒸熱，取起，乘熱包以炒熟肉絲等，隨包隨喫，一如酒席中的薄麵燒鴨。

2. 又法把春卷皮每張包以肉絲及皮凍少許，做成卷形，裝于盆中，上鍋蒸一透後，即可上席。

喫法：

1. 春卷應乘熱而食，其味最佳。

2. 喫杂春卷的時候，宜佐以「大方茶」一盃，益覺香美而鮮脆。

3. 喫蒸春卷的時候，最好備甜蜜醬一碟，或用各色菓醬來代他，亦無不可。

第二節　豬油糕

豬油糕俗名「脂油糕」。主要原料是豬的板油，和糯米粉，白糖，香料等物，並用蒸法製成的。板油用大豬身的，愈厚愈佳。糯米粉要粳米少而糯米多，大約二八鑲吧。白糖用玉盆。香料如桂花，玫瑰，薄荷等均可。豬油糕的做法，起首和蒸蘇州年糕相彷。惟蘇州年糕的粉質，須帶硬些，是把粳米三分糯米七分磨成的。今把桂花豬油糕，玫瑰豬油糕，薄荷豬油糕，烏棗豬油糕，以及糖年糕，百果蜜糕等的做法，詳細說明于下。

選材：

1. 糯米粉半斗（磨就的粉，須攤在籩中，通風吹爽。如欲久藏，又須放在日中晒乾，方可貯入甕中。否則發熱後，甚至霉氣難聞，切不可選作此豬油糕的材料。）

2. 白糖五斤（這是豬油糕及白糖年糕之用。餘則如蒸黃糖年糕用赤糖，蒸蜜糕用蜜糖。）

3. 豬油一斤半（扯去筋皮，切作小方塊，先用白糖淯好。）

4. 桂花醬一碗（即甜木樨醬。——以上是蒸桂花豬油糕用的材料。）

5. 玫瑰醬一碗（此物用以增加甜香。——這是蒸玫瑰豬油糕用的。）

6. 薄荷汁一缽（味性清涼。——這是蒸薄荷豬油糕用的。）

心一堂　飲食文化經典文庫

7. 黑棗半斤（黑棗須去核。——這是蒸烏棗豬油糕用的。）

8. 蜜汁青梅十隻（切成薄片。）

9. 胡桃片半斤（須先用開水泡浸，再行撕去其衣。）

10 松子仁四兩（亦須去其薄衣。）

11 瓜子仁二兩（把西瓜子剝殼候用。——以上是蒸百果蜜糕用的材料。）

做法：

（一）蒸桂花豬油糕

1. 把白糖加清水入鍋煎成糖湯，盛于器中，頂清砂質。

2. 把粉攤于大籃內，用手爬成一潭，使他四周高而中央低，即以糖湯傾入，隨傾隨拌，拌成粗鬆的乾粉，切不可太濕，這是與拌糰粉兩樣的地方。

3. 此時預備一個蒸籠，將粉輕輕鋪滿，在籠底斜打幾個筷眼，即可移上灶鍋。

4. 鍋中須先盛滿熱水，及將蒸籠移上，不必用濕粗草紙或手巾塞緊，以防漏氣，然後燃火蒸熟

5. 及蒸熟，乘熱傾入器中，用力擱和，然後分成數塊，每塊層層卷進糖漬豬油小塊，放入木盤內面上再放豬油和桂花米，工作即行完畢。

（二）蒸玫瑰豬油糕

1. 拌粉法仝上，惟拌時須加淡洋紅水，使他顏色美麗。

2. 蒸法亦仝上。

3. 把蒸熟的粉塊，用力擱和，分為數團，每團卷進豬油塊，然後置入木盤中，上面再加豬油和玫瑰醬，即成。

（三）蒸薄荷豬油糕

1. 拌粉法仝上，惟拌時須加薄荷湯同拌，若嫌色淡，可用淡洋綠水和之。

2. 蒸法仝上

3. 把蒸熟的粉塊，用力揉和，亦分數團，每團卷進豬油塊，然後置放盤中，糕上以豬油塊及桂花

醬撳和，即成。

（四）蒸烏棗豬油糕

1. 拌粉法仝上。
2. 蒸法仝上。
3. 把蒸熟的粉團揉和，務使極凝為度。每團加進豬油上面再放黑棗肉及豬油，即佳。

（五）蒸黃白糖年糕

1. 拌粉法仝上。白糕用白糖，黃糕用黃糖。粉質須帶硬些才是。
2. 蒸法仝上。
3. 把蒸熟的糕坯，移放長台上，上蓋用清水浸濕的白布使二人執木扁担（挑物所用）的兩端，往來用力施以壓搾，再卷再壓，以和凝為度。最後使成厚薄適宜之塊，用濕蔴線結成相等的方塊，或作長條糕面加以桂花蓋紅色圓印，放置洒水花油（即水油混合之物）的竹籃中，以防黏貼。

（六）蒸百菓蜜糕

1. 拌粉法同上，惟須用蜂蜜化成糖水拌之。國貨蜜糖以華繹之養蜂公司及青青養蜂場為佳。
2. 蒸法同上。
3. 蒸熟後，揉他極和，同時放入青梅片，胡桃肉，松子仁瓜子仁等拌和，取起攤平用刀切成方塊，裝入紙盒中，即成市上所售的禮物了。

喫法：

1. 喫豬油糕的方法，要用刀切為薄片，裝于洋盆中，上鍋蒸熟，乘熱食之，味頗腴美。
2. 喫糖年糕的方法，請參看第二節。
3. 喫百菓蜜糕的方法，以蒸熱為上，冷食次之。

第三節　年糕

年糕有「蘇州年糕」「寧波年糕」的分別。蘇人每于元旦日第一餐必須喫的是『糖年糕』（用養法）謂今年要比去年高，糖者甜甜蜜蜜中過生活也。杭州地方，到了年初三，俗名小年朝，這天的早晨家家都要喫炒年糕了，薺菜菜心地火腿雞絲地，韭芽肉絲地，那到不拘，不過是鹽而非甜的了。

據說喫了這一餐炒年糕，人人都有賺元寶的希望。有歌謠一首爲證：「今天原是小年朝，家家戶戶炒年糕，新年要比舊年好，恭喜大家賺元寶，爸爸去買魚和肉，姆媽牽磨做年糕，男人女人都勤儉，歡天喜地喫年糕。」十八日是落燈佳節，這一天是「新年的終點，點綴的食品仍用年糕，所謂「上燈圓兒落燈糕」也。我的故鄉，一到二月二有喫「撑腰糕」之舉，（用炒法）乃農人預祝今年努力耕種之意。寧波年糕是甬人新年的食品。近則流行于江浙一帶，喫法有炒食湯煮兩種。今把蘇州年糕寧波年糕的做法，詳細說明于下。

選料：

1. 蘇州年糕一方（白糖年糕，黃糖年糕，隨意採用。）
2. 白糖一盅。
3. 木樨醬少許（這是香頭。——以上是煮糖年糕用的材料。）
4. 鹽雪裏蕻屑一杯（薺菜，鷄絲，肉絲等都可選用。）
5. 油四兩（以葷油爲上。——以上是炒蘇州年糕用的材料。）
6. 寧波年糕五條（市上有售。）
7. 肉絲四兩（取精肥各半。）
8. 筍片十片（選其嫩頭。）
9. 開洋十只（預先加黃酒浸好。）
10. 食鹽半匙（或用精鹽。）
11. 黃酒一盅（解腥氣之用。——以上是炒寧波年糕用的材料。）

做法：

（一）煮蘇州年糕

1. 把年糕切成小方塊，入鍋加清水煮軟。
2. 下白糖木樨醬，卽可起鍋。

（二）炒蘇州年糕

1. 把糕切片，長約一寸，切不可過薄。
2. 燒熱油鍋，倒入糕片，用鏟不停的炒。
3. 炒至四面黃色，加入鹽雪裏蕻屑，再炒。（若用青菜,雞絲,肉絲等須預先炒熟加下。)

4. 酌加清水關鍋樾煑數透,然後鏟起,盛于盆中,供食。

(三)炒寧波年糕

1. 把寧波年糕切成薄片,預先浸軟,候用。

把油鍋爆熱,放入肉絲,筍片,開洋等,炒爆數分鐘。(用油分量和炒蘇州年糕同。)

3. 加下食鹽,黃酒及淸水一碗,同時把糕片倒入,最好酌加鮮汁,蓋鍋樾煑二透爲度。

喫法

1. 喫煑蘇州年糕,以香甜爲上,所以在臨喫的時候,還可酌加白糖少許。

2. 喫炒蘇州年糕,美在甜鹹適口,另有風味。當鏟起的時候,糕上另加白糖一盅,尤爲美觀。

3. 喫炒寧波年糕,湯汁要鮮,油水要濃,喜喫蔴油的人,不妨加些,以引香味,若嫌味淡,食時可再加醬油及味精。

第四節 圓子

新春元旦節及十三日上燈節,這二天,千家一律的都要喫一種糯米粉搓就的小圓子,一名「湯水圓」普通是實心無餡的。實心無餡的圓子做法很簡單,一定是諸位所知道的,這裏姑從略。講究一點,要讓爲下面所寫的三種吃法了。俗謂吃了之後,便能事事圓轉自如。糯米粉最好用石臼舂成的米粉,取其質地細膩的緣故。法以上白糯米淘淨,浸入清水中,過了一夜,用杵舂成米粉,另備木盤一只盛受,卽可應用了。今把抽筋圓子,水發圓子,酒釀圓子三種做法詳細說明於下。

選料

1. 青菜十二兩(揀去黃葉。)
2. 葷油二兩(用豬油熬成的。)
3. 食鹽三錢(揀去垢粒。)
4. 米粉一團(不可太濕以上是煑抽筋圓子用的材料。)
5. 餳糖一碗(俗名淨糖,用麥芽做成。)
6. 胡桃肉四兩(用開水泡過,剝去其皮,切成細屑。）

7. 桂花醬一匙（即木樨醬。）

8. 乾糯米粉一升（粳糯米二八鑲，磨成細粉。）

9. 白糖四兩（用潔白糖。——以上是煮水發圓子用的材料。）

10 甜酒釀一鉢（用原露酒釀。——這是煮酒釀圓子用的。）

做法：

（一）漉抽筋圓子

1. 先把青菜煮熟抽去其筋，切成細屑。再把葷油煎熟，傾入菜中加以食鹽，用箸拌勻。然後把米粉欄和，用手摘為小塊，每塊加青菜作心，搓成圓形。

2. 把圓子投入沸水鍋中，關蓋煮熟，俟其浮起水面，即須撈起供食。

（二）燒水發圓子

1. 把錫糖和胡桃屑，加清水桂花醬煎透，倒在油布的上面待冷凝結，用刀切作黃豆大的小粒，當作餡子。

2. 把糖粒顆顆分開，攤入篚內，放下乾糯米粉一層，用手取篚篩圓，次用洗帚洒些清水，再加些粉，用手再篩，如此幾次，水發圓子即成。

3. 然後把水鍋燒沸，投入圓子，煮熟可食。

（三）燒酒釀圓子

1. 2. 與煮水發圓子同。

3. 煮熟的時候，酌加甜酒釀，即成酒釀圓子了。

喫法：

1. 喫抽筋圓子的時候，和清湯同食，味鹹，不必加糖。

2. 喫水發圓子的時候，湯中須加白糖桂花，取其香甜。

3. 喫酒釀圓子，和喫水發圓子同，亦宜加白糖桂花。

第五節　元宵

元宵節所喫的圓子，是大團圓，其名即是「元宵」俗以喫此大團圓後，便祝合家團聚，共敍天倫

心一堂　飲食文化經典文庫

之樂，永無離別了。元宵的體積，略似湯團，惟獨他的皮子是用糯米粉擂成的，比較湯團爲厚；惟粉不可過厚過薄，以均勻爲是。所以吃起來頗有咀嚼，加之內容豐富，各種餡子，如百菓啊，玫瑰啊，桂花啊，蜜櫻桃啊，芝蔴啊，以及豬油夾沙啊，種類很多。今把他的做法，詳細說明於下。

選料：

1. 白糯米粉二升（把粳米糯米三七鑲磨成的細粉）
2. 胡桃肉四兩（把胡桃去殼，開水泡浸，撕去其衣，即可應用。）
3. 松子肉二兩（把松子仁去衣，候用。）
4. 交子肉半兩（即瓜子仁。）
5. 白糖半斤（把以上三物，切成細屑，加白糖豬油塊，搓成梅子大小，候用——這是做百菓餡元宵，的材料。）
6. 玫瑰醬一杯（這是香頭，加白糖，豬油塊，搓成梅子大小。——這是做玫瑰餡元宵的材料。）
7. 桂花醬一杯（這是香頭。加白糖，豬油塊，搓成梅子大小。——這是做桂花餡元宵的材料。）
8. 蜜櫻桃三十顆（蜜餞糖食店有售。亦須加白糖，豬油塊，搓成梅子大小。——這是做蜜櫻桃餡元宵的材料。）
9. 黑芝蔴八合（入鍋炒熟，磨成細屑，和入白糖六兩，加豬油塊，搓成梅子大小，候用。或用芝蔴脆餅半斤碾細，加白糖四兩，用葷油四兩，熬沸拌透，待稍冷，搓成團，略似梅子大，中間藏以桂花醬交子肉爲餡，然後用水蘸濕，放在糯米粉上擂之。——這是做芝蔴餡元宵的材料。）
10 豆沙一碗（把赤豆一升，用清水浸爛，帶水磨細，放入布袋中，搾取他的漿，和以赤砂糖半斤，入鍋炒熟，起鍋待冷，加豬油塊，搓成梅子大小，候用。）
11 板油一斤（把豬油去皮，切成骰子塊，加白糖消製應用。——以上是做豬油夾沙餡元宵的材料。）

12 菜油二斤（取其味香。——這是氽豬油夾沙餡元宵用的。）

做法：

（一）蒸百菓餡元宵

1. 把梅子大小的百菓餡，稍用水醮濕。用雙手推動竹籃，不數下，則米粉滾于餡上。使四周都著粉質以厚薄均匀為度。
2. 再把糯米粉一層攤放于竹籃中，置入百菓餡或玫瑰桂花，櫻桃，芝蔴，豆沙豬油等作心。）
3. 用冷水一碗，將已着粉的餡子，放入清水內一滾，籃內再攤粉一層，仍放下再滾。以後每沾一次水滾一次，米粉卽大一圈，至湯糰大小卽成。
4. 此時可將清水入鍋燒透，然後將元宵上蒸架，關蓋再煮，俟蒸熟以後卽可起鍋。

（二）熟豬油夾沙餡元宵

1. 2. 手續同上。（糰心以豬油夾沙為上。）
3. 把菜油入鍋煎熟，放下元宵氽熟，卽可供食。

喫法：

1. 喫蒸元宵的時候，不可急吞，宜緩緩進食，因急吞非但燙嘴，又且使糰內湯汁四濺，行將汚及衣服，反為不美。且含之乏味。
2. 喫氽元宵的時候，宜裝於盆中，同時用清茶一盞佐食以調濟之。

第六節　春薄餅

春餅的主要原料是麥粉。有的同蘿蔔製成的叫做蘿蔔絲春餅。有的同嫩韭製成的叫做韭菜春餅。有的用鹽香椿頭製成的叫做香椿頭春餅。這三種春餅，以韭菜春餅為最夠味，因為「春韭秋菘」是古人所贊美的應時食品。今把春餅三種的做法，詳細說明於下。

選料：

1. 乾麵粉一升（用上白麵粉。）
2. 蘿蔔一斤（空心不可。——這是做蘿蔔絲春餅的材料。）
3. 韭菜一扎（須揀他鮮嫩的梗葉，及至開花，則味不美。——這是做韭菜春餅的材料。）

4. 鹽，香椿頭十顆（市上有售。——這是做香椿頭春餅的材料。）

5. 鷄蛋三個（散黃的忌用。）

6. 清鹽一兩（用細白的食鹽。）

7. 黃酒半盅（這是解腥用的。）

8. 葱二枝（用刀切爲細屑。）

9. 菜油五兩（取其味香——這是煎餅時用的。）

10 粳米粉一升（用上白粳米磨成的。）

11 肥肉一塊（用刀斬細候用。）

12 蝦米一杯（切成細屑）

13 冬菇一杯（同上。）

14 火腿一杯（同上。——以上是做蘿蔔糕用的材料。）

做法。

（一）煎蘿蔔絲春餅

1. 把蘿蔔洗淨用水如米泔等均可，俗有「混水漿裏汏出白蘿蔔」之說。這是比喻能用清水最佳。刮去其皮放在推刨上刨成細絲再用手

加食鹽少許，揑去辣汁，和些油，葱屑食鹽等，拌和。

2. 次把麵粉拌以清水，同薄漿一樣，加入打和的鷄蛋同時加入食鹽黃酒調和。

3. 然後把油鍋燒熱，用調羹傾下麵漿三匙，中加蘿蔔絲作心再蓋以麵漿俟兩面煎黃即熟。

（二）煎韭菜春餅

1. 把韭菜揀淨洗去泥汚，用刀切成寸段。

2. 次把麵粉拌水如薄糊，將鷄蛋食鹽，黃酒，葱屑依次加入，即將韭菜放下一併調入麵粉中。

3. 然後放入油鍋中煎成圓餅大小如月餅狀，以兩面煎黃爲度。

（三）煎香椿頭春餅

1. 把香椿頭切段。

2. 次把香椿頭。鷄蛋，食鹽，黃酒葱屑及清水等物，一併調入麵粉中。

3. 調和後，即可放入油鍋中煎成薄餅，然後供食。

（四）葱蘿蔔糕

1. 把蘿蔔用鉋刮去其皮，推成細絲，擦去辣汁，加清水拌以粳米粉稍少食鹽。惟用水不可太多。
2. 拌和後放入小甑籠中，粉中夾肉塊一層，上面再加蝦米冬菇火腿等細屑。
3. 上鍋關蓋蒸透。
4. 然後取出切片，用油煎食。

喫法

1. 立春節喫蘿蔔絲春餅，民間流傳已久，名曰「咬春」，卽迎春之意。
2. 喫韭菜春餅，既可點飢，又可用作下酒物，其味絕佳。
3. 喫香椿頭春餅，如喜食甜的人，可加些白糖同食。
4. 喫蘿蔔糕，煎熟卽啖，酥鹹適口。

第七節　糯米藕

可可乃西文Cocoa的譯音，爲西印度羣島千里達的大宗農產品，彷彿吾國特產米麥一樣，卽製造朱古律糖果的原料，我們可以利用她來煮藕，其味甘香無比。據說千里達一處，每年出口值美金八百餘萬元，其產額可想而知。煮糯米藕的時候，若加以可可粉及加侖子（卽小葡萄乾），眞是妙不可言。鄉人每于春二三月，有杭州進香之舉，使予最不能忘懷的一件事，就是等到進香歸來，喫燒熟糯米藕。記得童年時候，倘有「小靠背椅」可坐，又有「狀元燈」可玩，這大都是親眷朋友餽贈我們的禮物，和那糯米藕，全在竭誠歡迎之列。「春花秋月等閒度」一轉瞬間，飄流在滬蘇之間，不覺十餘年了，加以近來彷徨地無的適從地遷徙于人生道上，徘徊于十字街頭，偶一回憶，其使我有啼笑皆非之概！現在自喫糯米藕的風味，想到了可可藕的美妙，特地介紹于下。

選料

1. 嫩藕四枝（以蘇州葑門外所產塘藕爲佳。其他如湖北省產巴河藕，亦著名，湖北喫經有「樊口鯿魚武昌酒黃州豆腐巴河藕」之說。）
2. 白糯米半升（用淘籮擦淨。）

3.可可粉一杯（市上有售。）
4.加侖子半杯（揀無核的。）
5.桂花醬少許（多少隨意。）
6.白糖一盆（用以醮食。——以上煑可可藕的材料。）
7.花生油三兩　用其肥腴。——這是炒藕塊用的。）

做法：

（一）煑可可藕

1.把藕入水洗淨泥汚用竹刀每節切斷，（注意藕節不可切去。）再以每節斜切他們一端，大約在三分之二的地方。
2.把淘淨的糯米和可可粉加侖子，桂花醬等物，一併拌和。
3.把拌和的糯米用筷塞滿藕眼，仍以斜切三分之一的藕蓋上，用竹籤扦住，不使糯米漏出。
4.然後和淸水入鍋，用文火煑爛卽熟。

（二）炒藕塊

1.把藕一節洗淨，上鍋蒸爛，用刀切成纔刀塊，以小爲佳。
2.另將花生油燒熟，乃以白糖一兩加入，用鏟攪勻。
3.然後下以藕塊，引鏟徐徐炒動，再下桂花醬片刻卽就。

喫法：

1.喫可可藕，須要把竹籤拔去，用刀切片，裝于盆中，加白糖醮食，食時冷熱均可。
2.喫炒藕塊，以乘熱爲美，不宜冷食。

第八節　百果羹

寧波有種風俗，每逢新年正月十四那天，如果有傭用婢女的人家，必定叫婢女做隻「丫頭羹」獻給主人們，以博歡心。丫頭羹的原料，是蓮心，桂圓，荔枝，紅棗，赤豆等物，也有將細粉切成寸來長的，一齊放進鍋裏煨煑成羹，這是一隻絕妙的百果羹。這隻丫頭羹，雖然是惡俗的趨尙，但是講起衞生來，是很有益的食品，因爲牠含有脂肪和蛋白質極爲豐富的緣故。其他如以果子爲菜，其法始于僧尼，亦饒風味。）今且把百果羹的做法詳明說明于下。

選料：

1. 蓮心二十顆（先用開水泡浸，用器悶緊，約半小時，撈起去衣去心候用。）
2. 桂圓二十顆（桂圓剝成桂圓肉，或用市上所售的桂圓肉。）
3. 荔枝十顆（去殼。）
4. 紅棗十顆（用開水浸透。）
5. 赤豆四合（用清水浸一夜。）
6. 白糖半斤（或以水屑代用。）
7. 桂花一匙（香頭多少隨意。）——以上是做丫頭羹的材料。）
8. 山芋十只（用紅心而沒有細筋的——這是做山芋羹的材料。）
9. 黃頭半斤（泡浸洗淨。）
10. 白果十顆（剝殼去衣去心。）
11. 蜜棗十顆（出核候用。——以上是做黃頭羹的材料。）
12. 杏仁霜一盅（味甜，用杏仁做成的。——這是做杏酪羹的材料。）

做法：

煮丫頭羹

1. 先把蓮心，紅棗，赤豆等入鍋加清水，燒牠數透。
2. 次以桂圓肉，荔枝加下同煮。
3. 到了煮爛以後，放入白糖桂花，即可供食。

（二）特製山芋羹

1. 把紅心山芋，純取其心，用刀削成圓形，大小和枇杷相等，再同清水入鍋，烘火緩燜。
2. 又法，把去皮山芋入鍋先行煮熟，然後用圓式印模，撳成台球狀。
3. 再仝清水入鍋加冰屑桂花，煮成羹湯，用以供客，新奇無比。

（三）蒸黃實羹

1. 黃頭同蓮心泡以開水，然後剝衣去蕊。（去蕊用簪子或火柴爲便利。）

2.蓮心去蕊後，與黃實同入清水鍋中煮爛。
3.最後把黃實蓮心及白果桂圓肉出核蜜棗等，裝入大湯碗裏，上加冰屑四兩沖滿開水再上蒸籠蒸透，即佳。

(四)煮杏酪羹

1.把杏仁磨成汁候用。
2.或把市售的杏仁霜，入鍋加清水煮沸，加下白糖三錢與鏟刀攪勻然後加入桂花醬再燒一透，即可。

喫法：

1.喫了頭羹雖是甬地風俗，然我們偶爲仿製，用調羹徐徐而食另具風味。且常食可以滋補身體。
2.在未喫山芋羹以前，我們看見到牠的形式，一定不當是山芋製成的，彿彷仝蜜枇杷一個樣子；所以用以供客，新奇無比。
3.喫黃頭羹的時候，最好臨時滴下檸檬露少許，能使味道格外香美。
4.喫杏酪羹，不但味道甜美，且有止喝之効。其他如楂酪羹橘酪羹，均可仿製做法同。

第九節　玉蘭片

玉蘭古名「木蘭」，宋人則曰「迎春。」花朵可以作爲食用，如春蘭夏荷，秋菊之類皆可調製。玉蘭瓣拌以麵粉，入油鍋中煎透，叫做玉蘭片。尋常宴會上所用玉蘭片，則完全爲麵粉豬油所成，取其形似而襲用玉蘭的名稱吧了。瓶史月表云「玉蘭二月花盟主。」是多麼可愛！今把汆玉蘭片的做法，詳細說明于下。

選料：

1.玉蘭花三十片(揀鮮嫩而純白無疵的。)
2.雞蛋三個(打碎瀝白。)
3.麵粉一碗(調成薄漿。)
4.白糖八錢(和味用。)
5.胡椒末少許(喜喫辣味用此物。)
6.味精少許(這是增進鮮味之物宜少用。)
7.蔴油十二兩(汆玉蘭片用的。)

心一堂　飲食文化經典文庫

8. 酸醋一碗（用鎮江醋——以上汆玉蘭片的材料。）
9. 板油半斤（即生豬油。）
10 食鹽一撮（或用味精。）
11 葷油十二兩（將豬油熬成。）——以上汆做玉蘭片的材料。
12 眞粉一盅（用清水化汁。）
13 雲片糕三十片（即雪片糕。——以上素玉蘭片的材料。）

做法：

（一）汆玉蘭片

1. 把玉蘭花瓣摘去瓣尖，放在水面上抹去污物，用熱水冲洗一過，晾乾。
2. 把蛋打和，仝清水，傾進麵粉碗裏，並下白糖胡椒末味精用筷調和。
3. 此時把花瓣浸入麵粉碗內，約經過一刻鐘之久，即可投入並透的蔴油中汆了。
4. 並至麵粉發淡黃色，撩出油鍋浸向酸醋裏面，即行取起，再煎片刻至乾脆爲度。

（二）汆假玉蘭片

1. 把豬的板油撕去其皮，切成長約寸餘的薄片。
2. 把鷄蛋，麵粉食鹽加清水調成稀漿。
3. 然後把葷油鍋燒熱。一面將豬油浸入麵漿中，塗滿粉質投入油鍋汆熟，切勿使他焦黃，即成。

（三）素玉蘭片

1. 把麵粉加清水調成薄粉，再加眞粉少許。
2. 把蔴油煎透，然後把雪片糕塗以麵粉漿一層，投入油鍋中。
3、汆至黃色，即可撈起，稍冷供食。

喫法：

1. 玉蘭片宜用好醬油蘸食。又法用甜醬，惟須待熱度溫和而食爲佳。
2. 喫假玉蘭片用辣醬油，味極雋美。
3. 喫素玉蘭片以甜美爲勝，不必用其他五味佐食。

第十節　喜蛋

春間，鷄孵卵，有出者，有不出者。出者卽成鷄雛，不出者我鄉名爲「哺胎蛋」大約孵卵中缺少胚盤的原故。喫哺胎蛋是一種廢物利用，不知越中習尙，有嗜食「喜蛋」者，卽此類物。春夏之交，喜蛋上市，排列街衢，盆筐累櫝，紹人購者甚衆。詢爲鷄蛋之孵，已具雛形，而將欲出殼者，有「全喜」「半喜」之分。全喜爲珍，名曰「活蛋」，半喜次之。法以微火烘卵，不假母鷄孵伏，市上稱爲「火焗雛」。所謂全喜者，蛋內之雛，首翼俱全，視爲美饌，並有盛以磁盆，餽贈戚友，尊爲「鳳凰胎」。據說取其渾元一氣，不見風日，滋補之性，遠勝參茂，世人但知鷄蛋補益，那麽喜蛋實較勝良多了。又紅蛋亦稱喜蛋，卽人家養了兒子分贈親友的東西；惟性質不同，煑法各異。今把煑喜蛋和紅蛋的方法，詳細說明于下。

選料：

1. 喜蛋二十個（卽已經母鷄哺過或用火烘過的蛋。）
2. 醬油四兩（最好用衞生醬油。）
3. 食鹽半兩（或精鹽。）
4. 黃酒一兩（解腥。）
5. 茴香四只（香料。）
6. 桂皮二片（這是香料。——以上煑喜蛋的材料。）
7. 雞蛋二十個（揀新鮮的。）
8. 紅色顏料盆一盆（用開水融化而成。——這是染紅蛋用的。）

做法：

（一）煑喜蛋

1. 把喜蛋洗淨放入鍋中，並將醬油，食鹽，黃酒，茴香桂皮等一起放下，酌加清水。
2. 把鍋蓋蓋好，燃火煑數透，卽熟。

（二）煑紅蛋

1. 先把鷄蛋入鍋，加清水煑半熟。
2. 取起，放入冷水中一激，卽成溏心，再下鍋煑一二透。
3. 把紅色顏料融化于五十倍的開水中，盛以洋磁盆。另將風爐燃着，放上磁盆，隨燒隨染，顏色非常鮮豔。

喫法

1. 喫喜蛋須去殼，活蛋又須去細毛，其味鮮脆芬馥。
2. 喫紅蛋去殼須快，切勿將紅色染上蛋白上。食時可用醬油調味。

第二章　葷盆

第一節　報春

「報春」就是小黃魚的別名。因為燈節前後，紹興地方，就有新鮮的小黃魚出現，一般經售的店夥為討好顧客們博一個吉利口彩起見。所以對小黃魚不名冰鮮而美其名「報春」。講到海味中以小黃魚最占春光之先。這個時期，肉絲嫩白味道鮮潔，讌飲親友，堪稱嘉肴。過此以後，「一水」「一水」的上去，味兒就「一水」「一水」的減低下來；到了清明前後，這小黃魚的肉味就不鮮美了。怎麼叫做「一水」呢？就是捕黃魚一次。水即潮水。以十五天為一水。每一潮水來時，黃魚隨着潮水同來，捕魚的人兒，趁潮捕魚，是多麼聰明啊！今把小黃魚的做法，詳細說明于下。

選料

1. 小黃魚四尾（用新鮮的。）
2. 白糖二兩（或用車糖）
3. 陳醋二兩（好的酸醋，以鎮江醋為上。）
4. 黃酒二兩（紹興酒。）
5. 醬油四兩（以上四物，為浸漬黃魚之用。）
6. 葷油六兩（氽黃魚之用）
7. 甘草末少許（甘草末和茴香末，都是香料。）
8. 茴香末少許（把茴香末碾成細末。——以上氽小黃魚的材料。）
9. 雪裏蕻半杯（用鹽雪裏蕻。）
10. 松仁一盅（即松子肉。）
11. 網油半斤（即豬的網油。——以上烤小黃魚的材料。）

做法

(一)汆小黃魚

1. 把小黃魚除肚洗淨，用糖、醋、酒、醬等浸漬于鉢中。

2. 淸晨浸起，午後入油鍋中，汆透撈起，裝于盆中，外撒甘草末茴香末少許即可上席。

(二)烤小黃金

1. 把小黃魚用刀切成小塊，加黃酒、醬油、雪裏蕻、松仁等料，取筷調和，淆漤數小時。

2. 次即用網油包裹，以線紮緊，置碗上，鍋蒸七八分熟。

3. 取起放入熱油鍋內烤煠，俟極黃脆，撈起即就。

(三)煎小黃魚

1. 把除淨的小黃魚，淆在黃酒醬油的調和液中。(或加葱一枝，薑二片。)

2. 浸漬半小時，即下熱油鍋中煎透，傾下黃酒，蓋關片時。

3. 再下以醬油，雪裏蕻及清水一碗，燒透，加白糖和味，即可鏟起，供食。

喫法

1. 喫汆小黃魚，味在香而且鮮。

2. 喫烤小黃魚，外焦裏嫩，異常香美。

3. 喫煎小黃魚最宜下酒。

第二節　銀魚

銀魚表裏潔白纖細，無骨，身圓，長不及二三寸，眶黑，或燦若黃金。杜甫詩「天然二寸魚」，蓋即指此。「越溪春水淸見底，石罅銀魚搖短尾」見薩都刺越溪曲。世俗傳有「孟姜女肉化爲銀魚」的故事，津津樂道，實爲無稽之談，不足憑信；或因孟姜女肉體膩白光緻，富有曲線美，小說家往往以銀魚來比喻她，贊美她，其事容或有之？另有一種，雅名「玉簪魚」，俗稱「篾長魚」，別名「灰鱵」，嘴尖而長，似銀魚而大，長三四寸至五六寸，實與銀魚同類而異種。至于紹興三江閘的鰻線，形似銀魚而瘦，即爲幼稚的鰻魚，味亦不亞于銀魚。銀魚離水即死，無活者可得。曩時泰縣城南張氏，曾食活銀魚一次。張氏，

心一堂　飲食文化經典文庫

雄于貪而好奇，預雇漁舟泊寶帶橋下，舟中置大木桶，網得魚即併水入桶中，另泊一舟，之中置釜，釜中有極嫩水豆腐一大方，得魚即由桶中移傾釜內，釜底生微火，銀魚觸熱，乃鑽入豆腐中，取此豆腐加以調味，鮮美無倫。吾邑辛莊大橋下，亦產銀魚，十年前的春天，偶執教鞭該處，得飽嘗此味，價廉物美，勝于「河豚」「江鰣」多多了。最奇者，銀魚多聚集于橋影下生活，與常魚異，可供吾人研究，今把銀魚的做法詳細說明于下。

選料：

1. 銀魚一碗（或用篾長魚。）
2. 鴨蛋四個（鷄蛋亦可。）
3. 食鹽少許（或精鹽。）
4. 火腿屑少許（先行煮熟，然後切細屑。）
5. 筍屑少許（先行煮熟，然後切細屑。）
6. 葱屑少許（洗淨再切。）
7. 醬油二兩（調味用。）
8. 黃酒半兩（解腥用。）
9. 葷油二兩（煎銀魚用。）
10. 白糖少許（和味用。——以上煎銀魚蛋的材料）
11. 粉皮半斤（洗用滚水泡透。——這是汆篾長魚卷的材料。）

做法：

（一）煎銀魚蛋

1. 把銀魚和入調碎的蛋碗中，加些食鹽，再加火腿屑、筍屑、葱屑、醬油、黃酒等類調和。
2. 然後把葷油燒熱，將上物倒入炒攪，鏟成數小塊，反轉再煎。
3. 最後和以白糖，即可盛起。

（二）汆篾長魚卷

1. 把蛋瀝白盛于碗中。一面將篾長魚浸漬黃酒中。
2. 把油鍋煎熱。再將篾長魚三四條，用粉皮小塊卷住，用筷箝住，放在蛋白中浸過，然後緩緩放入油中並汆。

3. 煎至黃透，滲下少些白糖，即可撈起，裝于盆中。

（三）油炙鰻線

1. 把鰻線用熱水泡浸，但不可泡得過老。
2. 再把油鍋煎熱，將鰻線倒煎炙，加以黃酒，關蓋燜一透。
3. 然後再加冬筍絲韭芽及清水等，燒數透。

喫法：

1. 喫銀魚蛋，酌加味精少許。
2. 喫篾長魚卷，宜用甜蜜醬蘸食。
3. 喫鰻線時，撒以胡椒末少許。

第三節　烏賊

烏賊魚一作「烏鰂」，原名「鰂」「鱧」，即「烏魚」也。他是一種海產的軟體動物，體色蒼白，滿身生着紫褐色的斑點，分為頭部腹部兩部連綴而成。頭部上生有十二只脚，就中二脚獨長，這是捕捉魚類貝類等食物之用。脚部的起端兩旁綴着一對眼睛。腹部為卵圓形，形似球囊；腹部上有白色的小囊，囊中貯有墨汁。他在海中遇着緊急的外侮，便噴出這一囊墨汁，使對方辨別不出，他就借此自匿，所以他又叫做「墨魚」。在燈節前的新鮮墨魚，是黃金時期，紹興人珍視他同報春一樣，因為墨魚的肉，在這時是最肥嫩呀。過了春燈節後，捕墨魚的漁人，雖然不斷運輸着新鮮的用冰伴着出售供應一方，因為銷路不暢，與捕獲眾多，就加鹽漬浸，曝日成鯗，名叫「明鯆」。大的名「太鯆」，小的名「條鯆」。紹興地方民眾，認明鯆是一種常備菜，尤其在過年當兒，輒有一碟蘿蔔片燒明鯆，倘使經過若干次燒蒸，明鯆鮮汁盡注入蘿蔔片內，的是一味美饌。墨魚蛋的食法，新鮮之外，也有兩種，大概在經過鹽漬以後，蒸熟就可佐餐，寧波人視為珍味。對于墨汁也不願洗去，曬乾的墨魚蛋，卻須用豬肉紅燉，其味無窮。宋沈括夢溪筆談：「宋明帝好食蜜漬「鱁鮧」一食數升，鱁鮧乃今之「烏賊腸也。」」按烏賊腸舊以入藥，謂之「鱧腸」；中有內殼色白，即俗所謂「海螵蛸」也。吾人鮮有食者。攷齊民要術作鱁鮧法，取石首魦鯔三種魚腸製成，且注鱁鮧之名，始于漢武帝逐夷時。本草則以魚鰾卽魚白爲鱁鮧。茲姑存沈，說以待攷證。今把烏賊魚的做法，詳細說明于下。

選料。

1.烏賊四只（新鮮的。）

2.黃酒四兩（解腥。）

3.醬油四兩（拌時用的。）

4.白糖少許（拌時用的。）

5.蔴油少許（香頭。——以上拌烏賊片用的材料。）

6.明鯆四只（卽烏賊乾。）

7.葷油四兩（或素油。）

8.蘿蔔片一碗（這是和頭，有芋艿可用芋艿來代替。——以上燒明鯆的材料。）

9.鷄湯一大碗（或用其他鮮湯。）

10蔴菇六只（先用熱水放透，洗去沙脚。）

11火腿六片（用熟火肉切片候用。——以上燜烏賊蛋的材料。）

做法。

（一）拌烏賊片

1.把烏賊冲洗潔淨，用剪刀破肚，去其腸汚，（烏賊蛋不可拋棄。）再行剝去其皮，洗淨入鍋，

2.加清水煮爛，下以黃酒，再煮數透，卽可切成長條塊，盛于盆中。

3.然後用醬油，白糖拌勻，滴入蔴油，卽可供食。

（二）燒明鯆

1.把明鯆浸入鹼水中，約半小時，折斷去骨，切成長方塊。

2.把油鍋燒熱，倒入明鯆爆透，下以黃酒，關蓋少時，再加和頭及醬油清水等燜爛，加白糖和味，可食。

（三）燜烏賊蛋

1.把烏賊蛋（用新鮮的或晒乾的皆可）先和水焯透，洗淨，另用鷄湯同燜。

2.燒透，下酒，幷加蔴菇火腿片等，關蓋燜熟，以爛爲度。

喫法:

1. 喫拌烏賊片,如嫌淡,放些食鹽,比較入味。
2. 喫燒明鯆,以隨蒸隨吃,尤爲味美。
3. 喫爊烏賊蛋,可裝于盆中,用醬蔴油蘸食。其湯另供食用。

第四節 蚶子

蚶子大概分爲兩種:一名「毛蚶」,二名「銀蚶。」銀蚶殼小色白,肉厚味美,有血,食之能補身體。毛蚶體較大,殼黑褐色,有茸毛附着,味道不及銀蚶來得鮮潔。蚶子一名叫做「瓦楞子」亦作「瓦壟子,」因爲他的形似屋上瓦瓴,故名。此物在上海價值很賤,且殼內的肉質,每多肥壯,若在內地,則經過時日已多,肉質往往瘦縮,且不新鮮,因蚶子己餓瘦的原故。今有一法,雖放置多日而肉仍肥壯,只須把泥蚶置于缸中,倒以米泔水(卽淘米水)浸至近上面爲度;越二三日,將水倒去,另換新米泔水。食時,取蚶子若干,洗去泥污,用滾水燙熟,調以五味,則殼中之肉,肥壯異常,且頗鮮嫩。惟肉中有白筋一條,性寒有毒,應棄去不食爲是。其他如蟶子,海瓜子,均可彷此法做成。今把蚶子及蟶子海瓜子的做法,詳細說明于下。

選料:

1、蚶子一大碗(不論毛蚶,銀蚶均可。)
2. 黃酒四兩(解腥之用。)
3. 醬油三兩(調和之用。)
4. 薑屑一匙(把嫩薑切成細屑。——以上酒醉蚶子的材料。)
5. 蟶子一大碗(蟶子殼形長方,長約二寸,色白而雋美,足及吸水管皆露殼外者,俗稱美人蟶,以蘇省金山衞產者爲著料——這是做煮蟶子的材料。)
6. 海瓜子一大碗。(形體頗小,殼薄,略成三角形,如瓜子,肉色白——這是煮海瓜子的材料。)
7. 豆油三兩(或用菜油。)
8. 葱一枝(切成細屑)
9. 白糖少許(和味之用——以上二物,是煮蟶

心一堂 飲食文化經典文庫

子，海瓜子用的。）

做法：

（一）酒醉蚶子

1. 把蚶子殼洗淨泥垢，置放器中。
2. 把開水泡下，須浸沒蚶殼，用蓋蓋緊，約一刻鐘。
3. 撈起用黃酒、醬油、薑屑拌和，即成酒醉蚶子了。（酒醉蟶子，酒醉海瓜子法同。）

（二）煮蟶子

1. 把蟶子洗淨，倒入油鍋中，煎透。
2. 傾下黃酒，蓋鍋檵，少時啓檵，放醬油、蔥屑、及少許清水煮透。
3. 然後用白糖和味，裝入盆中，供食。（煮蚶子，海瓜子法同。）

喫法：

1. 喫酒醉蚶子的時候，若蚶子尚未泡開，可用銅幣撬開而食。
2. 喫煮蟶子宜乘熱而食，可免腥氣。

第五節　明蝦

明蝦又稱鬪蝦，爲龍蝦類。他的身體較龍蝦爲小，大約四五寸長，然而比較內河淡水裏的蝦已經要大得多了。這種明蝦，大都出產於福建省沿海的地方，其次廣東省亦有出產，每年春季兩處運來上海的質量，爲數極多。惟此物腥氣特甚，燒的時候宜多加黃酒，以爲調劑。在喫的時候，蝦脊間有一深紅色塊子，即是他的腦黃，直通尾部，其內有腸中貯糞穢，（最好在洗滌前設法將腸抽去）應除去爲是。今把明蝦的做法詳細說明于下。

選料：

1. 明蝦一對（用新鮮而沒有變味的。）
2. 黃酒二兩（解去腥氣用的。）
3. 食鹽半兩（或用精鹽。）
4. 萵苣筍葉碎屑一匙（與萵苣筍嫩葉頭切成細屑。）
5. 鷄蛋三個（去殼打和候用。）
6. 乳油四大匙（或用葷油。）
7. 酸醋四大匙（或用米醋。）

8. 芥末少許（這是香頭——以上拌明蝦的材料。）
9. 菜油六兩（煎蝦用的。）
10 醬油二兩（又名秋油。）
11 白糖一兩（和味用的。）
12 茴香末少許（香頭——以上煎明蝦的材料。）

做法：

（一）拌明蝦

1. 把明蝦洗淨入鍋加清水煮沸，下以黃酒食鹽，及熟約廿分鐘後盛起。用刀切去頭尾，把肉殼縱切其體爲二爿，剝取其肉，和頭及殼另置碟中，候用。
2. 預備盆子一只，先把萵苣葉細屑鋪于盆中，再把蝦肉切碎，放于盆的中央，四周排列蝦頭蝦殼，使成錯綜有度。
3. 然後以乳油傾入鍋中，放下打和的蛋黃，用鏟徐徐攪勻，並加食鹽、酸醋、芥末等，待其和味，盛起注于蝦內的上面，以備供食。

（二）煎明蝦

1. 把油鍋燒熱，將準備的蝦放下煎爆黃透。
2. 傾下黃酒、醬油、白糖等，稍加清水，關蓋燒煮。
3. 待他入味，就可起鍋，裝于盆中，上面洒些茴香末，工作卽行完畢。

喫法：

1. 喫冷拌明蝦的時候，宜備西式刀叉，別具風味。
2. 喫煎明蝦的時候，或用刀切爲薄片，裝列盆中，並宜佐以醬蔴油一碟。

第六節　刀魚

刀魚一名鱭魚，亦作鮆魚。刀魚分子鱭、湖鱭二種：鱭產於甌江，湖鱭產於太湖，大都從江海中來。魚形扁狹而長，如利刃，鱗細而刺柔，腹肥而卵緊，色白如銀，味鮮而美。人家都說鯽魚的味美，却不知刀魚的風味則不同，鯽魚以肥美勝，刀魚以甘脆勝；鯽魚刺多而刀魚刺少，倘烹飪得宜，正是耐人尋味哩。今把刀魚的做法詳細說明于下。

選料：

1. 刀魚一條（約一斤。）
2. 油四兩（葷油或素油。）
3. 黃酒二兩（或用燒酒。）
4. 醬油二兩（揀好醬油。）
5. 金花菜一碗（卽苜蓿。）
6. 食鹽少許（或精鹽。）
7. 白糖少許（和味之用。——以上燒刀魚的材料。）
8. 橄欖油許少（西藥房有售。）
9. 豬油小塊（約四五塊。）
10 黃粉少許（着膩之用。）
11 香菌四只（先行煮熟。）
12 筍片四片（先行煮熟。——以上蒸刀魚的材料。）

做法：

（一）燒刀魚

1. 把刀魚用筷刮去鱗雜，破肚除淨，用廚刀將魚背切着使他碎骨盡斷。
2. 卽以油鍋煎熱，投入刀魚，煎爆黃透。
3. 下以黃酒關蓋少時，再下醬油、清水煮數透。
4. 另把金花菜加油、鹽等煮熟，用于刀魚內。
5. 一透以後加糖和味，卽佳。

（二）蒸刀魚

1. 把刀魚除淨，以橄欖油塗刀魚脊骨上，將脊鰭剌入鍋蓋上，鍋中盛黃酒、醬油及豬油小塊等作料，用文火緩燒，則魚肉盡落鍋中。
2. 略加黃粉和勻，使魚肉成厚糊漿狀，盛起，上面加以煮熟的香菌，筍片，就好了。

喫法：

1. 喫燒刀魚味道的美不美，在于魚骨的碎不碎，碎則自無骨鯁之患。
2. 喫蒸刀魚宜酌加紅肉汁少許；若沒有肉汁加入，恐無此鮮美。

第七節　河豚

河豚古作鯸鮐，見爾雅。又謂之鮭，亦謂之魨。產於水之鹹淡相交處。小口大腹，無鱗，背淡蒼色而有濃黑斑紋，腹白色，有物相觸，則漲大如毬，浮於水面。一經烹調後，其味很美。蘇東坡有詩說得好：「蓬蒿滿地蘆芽短，正是河豚欲上時。」所以喫河豚當在二三月間最味美，過此時期，肉頭就要不嫩了。然烹調不得其法，往往發毒致死，這就是「拚死喫河豚」一句話的由來。古人說：「魚無鱗，與目能開闔，及作聲者，有毒。」今河豚實備此數項，焉得不毒。講到河豚性質：既屬寒燥，而具伸張性，尤以卵巢爲甚。俗話有云：「血麻、子脹、眼睛酸」受此均不宜，易中毒；不可不愼！今有一法，可免期斃，法以海水洗淨，幷去其卵子、血油及肝腸，（肝毒亦能殺人。古語云：「生年逢卯，食必死。」卯木也，木屬肝，然寅亦木也，何獨忌卯。）和以橄欖、蘆根，用文火燒爛，切忌灰塵墮入，若照此法烹食，決不中毒。（再煑時均不可與荊芥，烏頭，附子等物同儲，注意注意！）凡食河豚後，在二三小時以內，銅器謹防入口，萬一不愼，毒發時，唇舌必先發麻木，此卽中毒的預兆。屆時毋庸驚慌，祇須多食橄欖與蘆根，卽可無事。其他藥品如水調炒槐花末，龍腦香、至寶丹、甘草水、甘蔗汁、等，亦可解救。至于卵子，食他必在腸胃中伸張無已，以致腸胃爆裂，無法挽救；但非絕對不可食，祇須先用水浸使脹，醃以鹽滷。石灰，再放在油鍋內爆發數次，然後用文火燒爛，食他卽無妨礙了。今把河豚的做法，詳細說明于下。

選料：

1. 河豚半斤（須揀新鮮的。）
2. 葷油四兩（煎河豚用。）
3. 黃酒二兩（解腥氣。）
4. 醬油二兩（用上號醬油。）
5. 橄欖六枚（用器敲扁。）
6. 蘆根四段（切成寸段。）
7. 青菜梗四兩（切成寸段。）
8. 荸薺四個（剝皮切薄片。）
9. 食鹽一撮（或精鹽。）
10. 白糖一撮（和味用。——以上煎河豚的材料。）
11. 鱘鰉魚半斤（一名鱣，俗稱着甲長一二丈無鰭，背有骨甲，口近頷下，有觸鬚，脂肉俱為黃色，產于江河及淺水中，味絕腴美，蘇館中頗有名。

——這是爊河豚用的材料。）

做法：

（一）煎河豚

1. 把河豚破肚，去其卵子，血汁，肝腸等物，最好用海水洗他極淨。
2. 再把油鍋燒熱，純用葷油，煎他極透。
3. 倒下黃酒，使去腥氣，蓋鍋檻片時，再下醬油，橄欖、蘆根、嫩菜梗、荸薺片、食鹽、清水等料，用文火燒爛，切忌灰塵跌入。

（二）爊河豚

1. 同上。
2. 把河豚同鰨鰉一併置放瓦鍋中，加清水，橄欖，蘆根等煮透。
3. 加黃酒再爊爊爛，下鹽，即可供食了。

喫法

1. 喫煎河豚宜用橄欖油佐食。若是喫起皮來，須反捲囫圇吞食，設隨意大嚼，則滿口皆刺了。
2. 喫爊河豚，中有着甲，不可與牛奶同食，食則凝滯不能消化。

第八節　滿台飛

滿台飛即酒搶蝦的別名，因在喫此酒搶蝦的時候，蝦尚活潑跳躍，所以有滿台飛的名稱。蝦有二種：一名河蝦，一名海蝦。河蝦產于淡水中，海蝦產于鹹水中。河蝦一名清水蝦，以水晶蝦為上，色發青綠色，味最鮮嫩。海蝦出產海灘邊，牠並不像水晶蝦作青綠色，牠是滿身雪白，所以又稱海白蝦。即使把牠燒熟。全身也並不顯出通紅，只淡淡的有幾處粉紅而已。但是，這海白蝦，非常容易絕命，一離海水，即使把牠養在淡水裏，也不能生活。所以牠的味道雖嫩，總不及水晶蝦來得鮮靈，何況水晶蝦還有多子和多腦的好處呢。本節所述滿台飛，以水晶蝦最能名副其實；雖然是海白蝦也可以如法庖製而成的。近讀金山朱里志，縣屬釣灘庵有產紅蝦的故事，頗奇特。紅蝦產於朱涇釣灘庵前河中，其色獨紅，與常

心一堂 飲食文化經典文庫

蝦異。庵爲唐名僧船子和尙駐錫處，據志上說：「和尙道行卓絕，游戲人間，一日食蝦，爲人所見，誚讓之；和尙曰『蝦不可食耶?』出而哇諸河，活潑跳躍如故，以曾經湯鑊，色變緋紅……」此段記載，雖屬神話，然流傳迄今，紅蝦具在，「事實勝於雄辯」這是不可掩人耳目的啊。我們如其能夠覓到此蝦，照法調製供客佐膳，新奇無比。今把滿台飛的做法，詳細說明于下。

選料：

1. 鮮活水晶蝦六兩（或朱涇紅蝦或鹽城鯿蝦。（軟衣玉色）或海白蝦均可用。）
2. 黃酒六兩（解腥氣。）
3. 醬油三兩（用母油。）
4. 食鹽少許（鹹頭。）
5. 薑屑。
6. 白糖二錢。
7. 胡椒末二錢。
8. 蔴油數滴（香頭。——以上酒搶蝦的材料。）
9. 醬乳腐露一碟（即紅乳腐汁。——這是乳腐露搶蝦的材料。）
10. 甜蜜醬一碟（蘸食。）
11. 醋少許（蘸食。）

做法：

（一）酒搶蝦

1. 把活蝦洗淨，剪去芒脚，即行浸入酒中，上面用器蓋住。
2. 隔十數分鐘，裝于盆中，加醬油、食鹽、薑屑、白糖、胡椒末、蔴油等一起和入，即可供食。

（二）乳腐露搶蝦

1. 同上。
2. 同上。
3. 然後用醬乳腐露加入拌和，即成。

喫法：

1. 喫酒搶蝦的時候，可以備一碟甜蜜醬或鎮江醋，隨意蘸食。
2. 喫乳腐露搶蝦，再的加辣醬，亦可隨意。

第九節　火腿

火腿以浙江金華所產爲上，雲腿出自滇省，亦有名。火腿的製法：把鮮豬腿用刀刮去皮面污處，取鐵鉗鑷子拔去細毛。次把火腿骨內的骨髓油取出，卽滿注「白蘭地」酒，用木塞塞住，置于桌上，擦以食鹽約二十分鐘，用木板壓着，上加石塊，紮緊，經過十二小時以後，用食鹽及白硝和勻，再擦二十分鐘。這時預備一只磁缸，缸底鋪以食鹽一層，放入豬腿，面上再加糝鹽一層蓋住，仍用板石壓緊，安放于屋中空氣陰涼的地方。到了第八天，傾出鹽滷，加黃酒、砂糖、桂皮、丁香、青艾、川椒、大茴香等物，同入鍋煮五分鐘。等他稍冷，將腿用稻柴磨擦一次，再放下缸中，以食鹽蓋住全腿，醃十二周夜。每天須反身二三次，然後取起，用糠粃燃火燻缸燻透，卽成。若是製造的數量不多，可以從缸中取起，用布袋裝好，懸掛在屋檐下陰涼的地方，愼防蟲鼠竊食，約歷七八天，卽就。惟腿多時，可特造燻室來燻他。燻時切不可通風，注意注意！我聽得人家說，火腿店製造大批火腿時，中間必隱藏「戌腿」一只，謂能使所製火腿味美而耐久。按戌腿卽狗腿，地支云「戌卽狗也」。今把火腿的喫法，詳細說明于下。

選料：

1. 金華火腿一只（取上號的火腿）
2. 鷄蛋八個（新鮮的鷄子。）
3. 黃酒一杯（解腥之用）
4. 醬油一小碗（鹹頭。）
5. 蔴油十二兩（塗抹火腿用的。）
6. 白麵粉一斤（卽乾麵粉。——以上烤火腿用的材料。）
7. 豬肚子一只（用食鹽擦洗潔淨。——這是做火夾腿的材料。）

做法：

（一）烤火腿

1. 先把火腿的脚爪斬去。再將兩面洗刷潔淨，並將皮面的黑層削去，削至見殷紅的肉爲止。然後將此削洗清潔的腿，放入蒸籠略蒸片刻，待他腿肉鬆潤，卽可取起。但蒸時須將肉皮緊貼籠底，使皮已熱透爲佳。

2. 取出後乘熱用利刀將皮割下；惟在割皮時，須萬分注意，愼勿將他肥肉割去。此時的腿肉，一面則似鮮血紅的瘦肉，一面則羊脂般的肥肉，已成一種顏色鮮明的狀態了。

3. 另把鷄卵打碎調和，加入蔴油和白麵粉，以攪勻爲度。

4. 然後以碎炭鋪勻在大爐盆炭火之上，在碎炭之上，再鋪勻些炭灰。因爲烤火腿的時候，火力不宜過旺，過旺卽腿油盡失，食之乏味了。

5. 此時把腿肉用鐵叉叉住，將鴨毛帚蘸鷄蛋蔴油各物，塗勻于腿上。先塗皮面，塗畢，持叉離火盆約二三寸處，忍性燒烤，俟所塗的各物烤乾，再細心塗刷一遍，再烤乾他。

6. 然後將腿翻轉，更如法塗烤二次，烤畢，再翻覆塗烤。如是翻來覆去，塗後烤乾，乾後再塗，須六七囘以上。此時，腿的裏層和外層，均已烤透，然後取下，切碎，裝盆供食。此法以蘇人爲能手。

（二）火夾肚

1. 把火肉半斤，加黃酒二兩，稍下清水，緊湯煮爛，切成薄片。

2. 再把肚子洗淨後，加酒二兩，和以清水，燒爛，加食鹽少許，再煮一二透，取起亦切成薄片。惟煮時，不可先着鹽質，否則堅硬而肉縮，食之不美。

3. 然後每火肉一片，夾肚子一片，裝入盆中，作造橋式，再兩邊亦同樣披好，卽可上席。

喫法：

1. 喫烤火腿，蘸以醬、蔴油、白糖的混合汁爲上。

2. 喫火夾肚，宜用蝦子醬油或甜醬蘸食。

第十節 排骨

排骨一名炙骨，是把豬的鮮脊肋肉，批去肥處，純取瘦肉，每間二骨，用刀切成長條，再將長條斬斷，成二寸長一寸闊的方塊，浸入黃酒醬油的混合汁中，然後投下熱油鍋汆成的。若照種類說，另有豬排，（較排骨爲大，並不限定每間二骨切斷，可以隨便在近骨處，切成三寸長二寸闊的肉塊。）牛排、鷄排、鴨排……等名目。豬排又分椒鹽排骨糖醋排骨兩種喫法。按排骨一味，四季都有，惟以春間的豬豚爲上，因爲稚嫩的緣故，今把排骨的做法，詳細說明於下。

・選料・

1.豬的脅肋肉一斤（揀近骨處的豬肉，俗有「好肉生在骨頭上」之說。）

2.黃酒二兩（用陳酒。）

3.醬油二兩（用得要好。）

4.食鹽二錢（或精鹽。）

5.雞蛋二個（新鮮的。）

6.麵粉半杯（白細的。）

7.白糖三匙（上白糖。）

8.葱屑少許（葱白頭少用。）

9.胡椒末少許（香頭——以上椒鹽排骨的材料。）

10酸醋半杯（用鎮江好醋。——這是糖醋排骨的材料。）

・做法・

（一）椒鹽排骨

1.把排骨塊切好，浸入黃酒醬油的混合汁中，摻些食鹽。

2.再把鷄蛋麵粉調和，加些白糖、葱屑、胡椒末和勻，酌加清水。

3.把排骨塊取起，拌入麵粉中，醮滿麵汁，投入熱油鍋中，炙至黃透爲度，卽成。（豬排、牛排、鷄排、鴨排法均同。）

（二）糖醋排骨

1.同上。

2.同上。

3.同上。

4.把醬油，酸醋等物入鍋煎透，下以白糖，燒至濃厚，另碗盛貯。

・喫法・

1.喫椒鹽排骨的時候，撒些胡椒末或茴香末，以增香脆的味道。

2.喫糖醋排骨的時候，或用煎就的糖醋拌和而食，或隨蘸隨食均佳。

第三章　熱炒

第一節　毛筍

毛筍卽春筍，出產的時間，以二三月爲大宗。當此時候，纖纖穿苦竹萌盈尺，家家戶戶，佐味諸蓋、莫不以筍爲「打官司」故有「筍奴菌妾」之說。宋秦少游詩云「秀色可憐刀切玉，清香不斷鼎烹龍。」秀色清香乃筍的特點。筍的名稱極多，除上述外，尙有洛中斑筍「牡丹開盡桃花紅，斑筍迸林犀角豐」見宋梅聖俞詩。宋陸放翁老學庵筆記云「吳人杜宇初啼時，市中賣筍曰謝豹筍。」其他又有脯雞筍、猫頭筍、杜園筍等，不勝枚舉。「甬東毛筍，每歲出巨筍一枝，曰筍王，必有二筍傍出，差弱于王，曰筍將；其形必異于凡筍，籜梢如錦帶，長有尺餘，出土卽能辨之」見茶香室叢鈔。素食中有以茶筍並稱，宋蘇東坡有詩云：「茶筍盡禪味，松杉眞法音。」土法以死猫埋地下，可引致陷情的竹根來埋猫處生筍，事甚奇特。筍老則成竹，雅逸之士，常種以爲友。王孟英云「竹最忌芝蔴，一沾麻油或其渣滓立卽萎敗，故筍雖老硬，得蔴油則酥軟可口」喫筍要加蔴油，爲喫學上不可不知的常識。今把筍的兩種做法詳細說明于下。

・選料・

1.春筍二只（脫殼，切纏刀塊。）
2.新鮮蝦子一盅（把帶子活蝦激于井水中，則蝦子自落，撈起盛于水中候用。）
3.好白醬油二兩（或用普通醬油。）
4.火腿蓉少許（卽火肉屑。）
5.好醋少許（廣東白醋。）
6.蔴油少許（香頭。）
7.黃酒半兩（紹興酒）
8.白糖一撮
9.葷油二兩（或素油。——以上炒蝦子筍的材

心一堂　飲食文化經典文庫

料。）

10 菜油半斤（用筍約半斤。）

11 醬油四兩（用好醬油。——以上油燜筍的材料。）

做法：

（一）炒蝦子筍

1. 把油鍋燒熱，倒入筍塊炒片時，加下醬油清水，燒二三沸。

2. 再放蝦子黃酒，和下白糖，再煮數滾，即可鏟于盆中。

3. 面上洒些火腿蓉，好醋、和蔴油，乘熱上席。

（二）油燜筍

1. 把筍用刀切成寸段，或切為片。

2. 再把油鍋燒熱，以筍倒入並爆約三四分鐘，加下醬油同煎，

3. 待他水分漸少，油內無爆聲，即貯藏，歷久不壞，臨時取食。

喫法：

1. 喫蝦子筍宜多加蔴油，乘熱而食。

2. 喫油燜筍的時候，亦須加重蔴油，較之市上所售罐頭食品勝過十倍。

第二節　春蔬

春機發動，蔬菜旺生，唐白香山詩云：「二月二日新雨晴，草芽茶甲一齊生。」蔬菜性屬陰，司疏洩，解火氣，最有益于人生。昔託爾斯泰氏嘗指園圃蔬菰，為養生之藥籠，其價值可知。宋蘇東坡亦誇其園蔬，有「不知何苦食雞豚」的詩句。蔬菜類的養分，雖不及肉類的豐富，然其性中和，其味清佳，富葉綠素，且易于消化。試觀吾人往往多食脂肪質食物後，心中甚覺不快，若此時易以蔬菜，則精神為之一爽。考英文蔬字Vegetablé由於拉丁文Vegetus而成，而拉丁文的原義為Vegorous即強壯之說，此則蔬菜有益衛生強有力的鐵證。但予的意見，主張蔬菜葷食法，因為純粹素食總不及蔬菜葷食法為美。今把春蔬略舉數種，並詳述其做法于下。

選料：

心一堂　飲食文化經典文庫

1. 韭芽四兩（色黃，須用嫩韭芽。）
2. 菜油二兩（或葷油。）
3. 小金鉤蝦米十五只（先用黃酒浸胖。）
4. 黃酒一兩（解腥氣。）
5. 食鹽少許（或精鹽。）
6. 醬油二兩（用好醬油。）
7. 白糖少許（和味之用。——以上炒韭芽的材料。）
8. 油菜四兩（卽菜花菜。）
9. 雞皮十餘塊（切成七八分寬。）
10 火腿一小塊（切五六片。）
11 草菰七八隻（先用黃酒放好。）
12 雞湯一杯（或其他鮮湯。）
13 白醬油二兩（卽無顏色的醬油。——以上炒油菜的材料。）
14 枸杞頭四兩（性涼，蘇人最嗜食。）
15 蘑菰五六隻（先用黃酒放好頂脚候用。——以上炒枸杞葉的材料。）
16 蓬蒿四兩（又名茼蒿。）
17 鷄肉一塊（切成細屑。）
18 眞粉漿半杯（用眞粉加清水調勻。——以上炒蓬蒿的材料。）
19 馬蘭頭四兩（味鮮甘甚于他蔬。）
20 豬肉六兩（用硬膔的肉。——以上炒馬蘭頭的材料。）
21 金花菜四兩（卽苜蓿。）
22 塘裏魚六兩（卽菜花魚松江人呼花鼓魚，上海呼花虎。）
23 葱一枝（切細屑。）
24 薑一片（卽生薑。——以上炒金花菜的材料。）

做法：

（一）炒韭黃

1. 把嫩韭芽揀選潔淨，用刀切成一寸多長的段。
2. 再把油鍋燒熱，倒入韭芽段略炒數下。卽加下發好的小金鉤蝦米同炒。
3. 少時加以黃酒、食鹽、醬油、最後，加白糖和味，起鍋。

(二)炒油菜

1.把嫩鮮油菜洗淨，切成寸段。

2.次即倒入熱油鍋內生炒二三十下，下以黃酒，蓋鍋樞燒一透。

3.起鍋樞，隨將雞皮、火腿片、草菰、雞湯、食鹽、白醬油等，一一加入，再炒十幾下。

4.然後略加白糖和味，即行起鍋。

(三)炒枸杞葉

1.把嫩杞頭，同葉洗汏乾淨。

2.放入熱油鍋內炒過，乃取雞湯放下，加以火腿片、蘑菰、雞皮絲，略加食鹽醬油仝煮。

3.少時和以白糖，即佳。

(四)炒蓬蒿

1.把蓬蒿先放入清水鍋內，炒一透，取起，用刀切成細屑，浸于冷水中。

2.次把蓬蒿擠乾水汁，用雞湯入鍋煮一二透，略加食鹽。

3.另把鷄肉屑加鷄湯煮透，和入眞粉漿，略加食鹽，使成濃厚之汁。

4.預備一只盆子，半面置蓬蒿，半面置雞肉屑，上面撒以火腿屑，味精乃佳。

(五)炒馬蘭頭

1.把馬蘭頭揀洗潔淨，倒入醬油鍋炒熟，略下食鹽。

2.另把豬肉用刀切成肉片，入鍋和水煮透。再加黃酒、醬油、香料等同燒。

3.燒時須用文火，及肉爛，和下馬蘭頭，再加冰糖和味，即可供食。

(六)炒金花菜

1.把塘裏魚除去鱗雜，破肚去胆，洗淨後，乃浠在醬油、黃酒、葱薑的調和液中。

2.浸漬半小時，即下熱油鍋中煮透，傾下黃酒，蓋鍋樞片時。

3.另把金花菜揀洗潔淨，入油鍋炒熟，略放食鹽醬油後，即同入魚鍋中。

4. 燒透，加白糖和味，即可起鍋。

喫法　以上各菜，在喫的時候，如蔴油、胡椒末、味精等，均可隨意放入。

第三節　蝦仁

把水晶蝦擠取其肉而棄其首殼，即是蝦仁。蝦仁一物，在酒席中應用最繁，菜館不論乎平蘇時間不限於春、秋，均須用他來做一味美肴的。春江水暖的時候，蝦味最爲鮮嫩，並且擠出蝦仁來也特別大。但是，擠蝦仁的方法，也有關係的，否則擠來不得法，蝦肉常遺留在殼中，不能得到較大的蝦仁，豈不可惜！我的家鄉，地瀕水區，港汊紛岐，富有魚蝦之利。捕蝦的方法，特備蝦籃船，做蝦籃數百只，以竹絲編製而成，每只用草繩維繫，中置餌頭，如飯粒、螺螄之類，隨擱隨投河中，蝦一入此籃中，即不能復出，隔日將蝦籃撩起，去蓋倒入竹簍中，即可盛筐上市出售。近年以來，因都會的需要，以致求過于供，即在鄉間的售價，較之往昔，不啻倍蓰，且不易多得。往往有人特雇民船，將湖加以冰塊，清晨運往崑山，搭車送滬，專供各菜館的應用，以博什佰之利，誠爲鄉間漁業獲利的一法。今把雨前蝦仁及螺螄蝦仁的做法，詳細說明于下。

選料

1. 蝦仁一碗（用一寸以上的大活蝦擠成。）
2. 雨前茶半盅（即穀雨以前所焙製的茶葉。我有一位湖南朋友，常飲茶而兼嚼茶葉，確有至味。據說英國人進中國茶第一次是煑着喫的，他們用叉子將煑爛的茶葉向口中送，茶汁一點也沒有嘗就潑去了。不知確否？）
3. 鷄蛋一枚（新鮮的。）
4. 黃酒大半杯（好的紹興酒。）
5. 醬油小半杯（好的醬油。）
6. 蔴油一兩（或葷油。——以上炒雨前蝦仁的材料。）
7. 螺螄肉一碗（用針挑出其肉，去厴候用。）
8. 稀江米麵漿一盅（或眞粉。）

9. 桔汁一盅（卽洋醬油。——以上炒螺螄蝦仁的材料。

做法：

（一）炒雨前蝦仁

1. 把鮮蝦生擠去殼盛碗，候用。

2. 再把鷄蛋打碎去黃瀝白加入蝦仁、雨前、拌勻，滲些食鹽。

3. 然後放入旺火蔴油鍋內，（忌煤火）連炒幾下，加進黃酒、醬油及鷄湯少許，（不可多放）再炒十幾下，起鍋。

（二）炒螺螄蝦仁

1. 把蝦仁沾以稀江米麵漿，同螺螄肉，用蔴油炒透，滲些食鹽。

2. 加以黃酒略炒數下，再加鮮汁，用文火燒二透，卽可供食。

喫法：蝦仁以桔汁蘸食爲上。

第四節　蚌肉

春意動時，鄉農輒駕一葉扁舟，輕風小槳，蕩漾于河邊溝梢，赤裸着臂膊，蹺起屁股，摸春蚌唱山歌，吸旱煙，得乎其神，薄暮時分，滿載而歸。翌晨剖割後，求于售市，每斤價值一毛，零用有靠，家庭經濟，不無小補，委係一種絕佳的副業，交起運來，說不定更可發一筆橫財。何以故呢？因爲年齡大的老蚌，間有產珍珠者，所以老婦分娩，往往有人胡調的說句粗俗話「老生蚌珠」，這確是一個明證。蚌肉名水菜，亦爲上等飯菜，苟烹飪得法，湯鮮味美，香嫩無比，較之魚蝦，有過無不及，洵係佐餐之佳肴，是以喜吃蚌肉的不在少數。茲將喫法寫來，洗滌蚌肉，應格外道地，外面的寄生蟲，務必驅除盡淨，其他附屬物，尤須精細清理，一條極厚的蚌邊，最好用小鄉頭擊碎，然後放在清水內洗淨，烹調方法，起初先用白水煮燒，過相當時間，再加鹽醬及其他副料，大家牢記，陳酒或老薑是切不可少的，因蚌肉有腥氣，用以殺滅之，此外若放幾個荸薺，容易燒爛，又蚌肉同猪肉紅燒，另有一番口味。今把蚌肉的做法，詳細說明于下。

選料：

1.蚌肉半斤（留意洗淨。）

2.薑一片（解除寒氣。）

3.冬菜四兩（鹽雪裏蕻、芥菜等，均可切細應用。）

4.蝦仁一杯（或用開洋來代替。）

5.菜油二兩（或用葷油。）

6.黃酒一兩半（解除腥氣。）

7.食鹽少許（清鹽少許，可使入味。）

8.醬油一兩（用好的。）

9.白糖少許（調和味道之用。——以上冬菜蝦仁炒蚌肉的材料。）

10豆腐四塊（切方塊候用。——這是豆腐炒蚌肉的材料。）

11家鄉肉半斤（卽醃猪肉。）

12鮮猪肉半斤（用肋條。——以上蚌肉燴醃鮮肉的材料。）

做法：

（一）冬菜蝦仁炒蚌肉

1.把蚌肉擠去泥沙，洗淨入鍋焯一透。

2.把老薑投入油鍋燒熱，倒入蚌肉拌炒，炒十幾下，放下冬菜屑蝦仁同炒。

3.炒透，傾以黃酒少時，再加食鹽、醬油、清水等，關鍋蓋煮數透，加以白糖卽佳。

（二）豆腐炒蚌肉

1.把蚌肉焯透過清後，卽倒入油鍋爆透，下以黃酒，稍燜片時。

2.放下豆腐小方塊及食鹽、醬油、清水等，關蓋燒數透，卽熟。

（三）蚌肉燴醃鮮肉

1.把蚌肉家鄉肉，鮮肉等皆小方塊，入鍋加清水焯一透。

2.一併裝進沙鍋內，下清水滿鍋，加薑片，食鹽一撮，煮透，放黃酒，在炭風爐上緩緩燴熟。

喫法

食時，皆滲以大蒜葉少許，其味特別香美。

第五節　鱔魚

我們到徽館中去喫菜，最好的首推炒鱔糊，有「炒鱔糊連一連」的一句俗話，盛行于上海附近各地。無錫著名的船菜以「甜鱔」一味最為喫客所歡迎，歎如錫地僅有的特產。因為鱔之為物，祇宜炒，不能炸，惟無錫的田鱔用惠泉水洗淨，熱油煎炸，加糖、葱、酒、醬油、香脆可以。甜脆的硬性，能歷二十四小時之久，為別地所無。若是在無錫，這鱔倘非用惠泉水洗濯的也不能炸至脆硬，此中大有神祕。俗稱鱔魚叫做黃鱔，實則鱔中的黃，有劇毒，不能拿來做食用的。鱔魚的出產，有田鱔、河鱔之別，講起滋味來，河鱔總利及田鱔味道好。捕鱔的方法，田鱔用釣鈎，河鱔用網和斷。當我八歲的時候，在學塾中讀書放學以後，喜歡釣鱔魚，以為消遣。法以六七寸鐵絲一根，磨尖其一端，彎曲如鈎，用線繫于竹筷上，鈎上穿以曲鱔（蚯蚓）為餌，擇田間小洞，以餌誘食，俟其吞食，將釣向內一送，即行拔出，鱔魚已得，百試不爽。此時見鱔，即把中指勾住，須在頸部七寸十三分的地方，否則要逃去了。不料隔了幾天，有一次，一位釣鱔魚的學生，恰巧遇見了釣鱔魚的先生。從前有位摸螺獅先生，現在又有釣鱔魚的先生，當時我嚇得瞋了。到了今隔了廿五年，先生一副莊嚴的面孔，靜靜的望過來的眸子，深印腦海中，還不曾忘記掉。童年往事，豈不可笑！今把炒鱔魚的做法，詳細說明于下。

選料：

1. 鱔魚一斤（用活大鱔殺就，入鍋焯燒，將小蚌殼劃成絲絲，棄骨候用。）
2. 葷油三兩（煎炒用。）
3. 黃酒二兩（解腥。）
4. 醬油一兩（要上號。）
5. 白糖一匙（和味用。）
6. 眞粉一盅（膩頭）
7. 蔴油少許（香頭——以上炒鱔糊的材料。）
8. 瘦猪肉四兩（把肉切片。）
9. 香菰五個（用沸水放胖。）

做法・10 蔥數段（青蔥切段。）

（一）炒鱔糊

1. 把鱔絲漂洗潔淨，即下熱油鍋中爆炒。
2. 少時下以酒，同時下以醬油及鮮湯，用文火燒煮。
3. 燒了二三日，下白糖及其粉漿，待和勻，即可鏟于盆中供食。

（二）炒馬鞍鱔

1. 把大鱔一一破開，盡去骨，用刀橫切爲七八分長的段子。
2. 洗淨後，放入熱油鍋中，直炒到肉捲成像馬鞍一樣。
3. 便加進瘦猪肉片、香菰、蔥段，再炒十幾下，放下黃酒，蓋鍋櫃片時。
4. 把鍋櫃，微微加上些眞粉漿，略一炒和，即可起鍋。

喫法・臨喫的時候，皆宜加上重蔴油，或加些砂仁末也好。

第六節　魚片

這篇所述炒魚片，原料分三種，第一黃魚片，第二鱖魚片，第三鯶魚片，黃魚須與大的，一名石首魚。鱖魚俗名桂魚也，以肥大如上，在二月間爲最時鮮，所謂「桃花流水鱖魚肥」即是。鯶魚一作鯇，亦名草魚，形長身圓，頗似青魚，而色微灰。這三種魚，除大黃魚外，鱖魚、鯶魚都產江湖中。今把三種魚片的做法，詳細說明于下。

選料・

1. 大黃魚一尾（約一斤。）
2. 醬油四兩（用頭伐杜製醬油。）
3. 黃酒四兩（陳酒最妙。）
4. 蔥一枝（洗淨打結。）
5. 薑二片（解除寒毒。）
6. 葷油四兩（素油亦可。）
7. 筍片五六片（把春筍切片。）

8. 醋一兩（以鎭江醋爲著名。）

9. 白糖少許（和味用——以上炒黃魚片的材料。）

10. 鰍魚一尾（一斤。）

11. 熟火腿一塊（切成小丁。）

12. 藕粉一杯（着膩用。——以上炒鰍魚片的材料。）

13. 鮮魚一尾（一斤。）

14. 筍丁少許（筍的小塊，——以上炒鮮魚的材料。）

做法．

（一）炒黃魚片

1. 把黃魚刮去鱗皮，用刀破成二塊，剔去大骨，洗淨血腸，放在砧板上，切成薄片，約七分長，一寸闊，切就以醬油、黃酒、葱薑洧浸若干時。

2. 次把油鍋燒熱，撈起魚片倒下，用鏟炒爆，待其脫生，下以黃酒少時，再放醬油，和清水一碗，另下春筍片仝煑。

3. 燒一二透，再下以醋，連手下白糖，待和味，卽可鏟起了。

（二）炒鰍魚片

1. 仝上。

2. 仝上。

3. 將魚片起鍋，盛于盆中。另用煎濃的葷油、醬油、熟火腿丁、白糖藕粉等作料，澆于魚面之上，魚肉皎潔可愛。

（三）炒鮮魚片

1. 把鮮魚用刀去鱗雜，洗淨後，對剖爲二，橫斷爲三，置于盆中，加些酒、鹽，上鍋蒸熱，勿著水煑，則鮮而且嫩。

2. 一面調葷油入鍋，並加細筍丁，俟滾起，乃調醬油、藕粉漿傾入攪勻。

3. 此時並下所蒸的魚肉，卽將油鍋離火，將鍋一掀，令魚翻身卽佳，不宜多燒。

喫法．

臨喫之前，把煉滾的菜油一杯，拌入好麵醬一杯內，互相調好蘸着去吃。

心一堂　飲食文化經典文庫

第七節　肝石

肝石即雞鴨肚內的雜物，用以炒食，最爲鮮嫩。但是若全用鴨肫肝，或全用鷄肫肝，恐怕還不甚好，不如只用鴨肫，添用鷄肝爲妙。在炒的時候，極要注意，總須外面散脆，內裏鬆嫩，方算恰到妙處。這樣的手術，要算北平館子炒得最好，其次要讓爲蘇州館子了。今把平館蘇館二法，幷述于下。

選料：

1. 鷄鴨肫半斤（連肝。）
2. 醬油二兩（要好。）
3. 黃酒二兩（要陳。）
4. 葷油六兩（煎滾候用。）
5. 食鹽一撮（與炒過的飛鹽，蘸食。）
6. 花椒末少許（香頭蘸食——以上炒平肫的材料。）
7. 黃粉一杯（膩頭。）
8. 筍片六片（先行煑熟。）
9. 香菰六只（放透。）
10. 葱一枝（切段。——以上炒蘇肫的材料。）

做法：

（一）炒平肫

1. 把鷄鴨肫先行洗過，去盡老皮，破開，再漂到極淨，同肝一並放入大鐵絲撈杓裏面。
2. 同時將鍋內的油，熬到極沸，乘極沸時，用有柄鐵杓水起，向鉄絲撈杓上連倒下去，此時撈仍等在油鍋上面，直燒到杓內肫肝，都已透熟，方取下來，切成塊子，或批成片子，便可供食。

（二）炒蘇肫

1. 把鴨肫洗漂好，放進醬油，黃酒裏面，拌浸一過。
2. 先蒸令半熟，然後再放入滾油鍋內，汆到恰好，切成片子。
3. 另外再用筍片、香菰、鮮湯，同醬油少許，先煑到沸，加入黃粉調和，便將肫肝再放進去，炒幾下，加白糖起鍋去喫。

喫法：

喫炒平肫，蘸着炒研好的花椒和鹽吃極好。

喫炒蘇脆蘸醬麻油或甜麪醬吃。

第八節　鴿子

鴿子俗稱鵓鴿，有家鴿野鴿二種，與鳩同類。野鴿全體暗黑，惟背的中央爲灰白色，頸及胸有紫綠色的光澤。家鴿乃野鴿的變種，形態羽色，各各不一，種類很多，富有記憶力，雖飛到極遠的地方，亦能自歸，因他有極輕捷的羽翮所致。記得民國初年，尚在小學生時代，有一位常熟錢續申先生，出了一個課題，名叫「鴿之記憶力」，予草做了一百多字，卽行繳卷，不料等到訂正後發回來，結論有「鴿尙有記憶力，故能任重以致遠，吾人有腦筋，有思想，功將什百倍于鴿矣。」自從這次受了一頓搶白，不敢待慢，深深地暗自注意到自己的學問，以後文課，常能寫到三百字以上，未始非這位錢先生「循循善誘」的功勞，但是到了現在，因爲人事擾擾，常常繚亂，我心曲幾乎成了一個健忘病患者，豈不慚愧而痛心！茲附述于此，至少逢到吃鴿子的時候，可以得到一種迴想，引以爲戒，今把鴿子的做法，詳細說以于下。

選料：

1. 家鴿一隻（活的。）
2. 葷油三兩（炒用的。）
3. 葱一枝（切碎。）
4. 薑二片（切薄片。）
5. 茴香三只（香頭。）
6. 黃酒一兩半（解腥。）
7. 食鹽少許（或精鹽。）
8. 醬油二兩（用上號秋油。）
9. 青菜梗十段（切成寸段。）
10. 香菰四隻（放好。）
11. 白糖一匙（和頭。——以上炒鴿片的材料。）
12. 蜜糖一杯（卽蜂蜜。）
13. 素油半斤（不論菜油，豆油。）
14. 五香末等一小包（炒過，研細。——以上炒五香鴿子的材料。）

做法：

（一）炒鵓鴿片

1. 把活鵓鴿灌以高粱酒，即就醉死了，去毛開肚，洗淨以後用刀批取胸肉，切成薄片。
2. 把油鍋燒熱，取鴿片同葱、薑、茴香等倒入鍋中，爆的一聲，引鏟徐炒。
3. 少時，把酒向鍋的四邊傾下，即關蓋燜片時，再下鷄汁、食鹽、醬油及青菜梗、香菰等，改用文火燜他三透。
4. 啓蓋，下白糖和味，嘗鹹淡，以適口爲則，即行上席。

（一）炒五香鴿子

1. 把鵓鴿宰淨，盤隻在面上微敷一層蜜糖。
2. 把塗好的鴿子，放入熱油鍋中炸熟。炸時須時時用器翻動。
3. 炸熟以後，取起，用手撕成碎塊，裝置而食。

喫法

1. 喫鵓鴿片的時候，面上須加重蔴油。
2. 喫炒五香鴿子，蘸五香末、同花椒末、飛鹽，或甜醬極佳。

第九節　肉絲

肉絲是用不肥不瘦的獸肉，將刀乜成薄片，從逆絲縷切成一寸長三四分闊的細絲，以均勻爲度。獸肉通常吃的有數種，把豬肉做成的名叫炒肉絲，把牛肉做成的名叫炒牛肉絲，把羊肉做成的名叫炒羊肉絲。今把三種肉絲的做法，詳細說明于下。

選料

1. 豬肉半斤（腿花肉。）
2. 藥芹四兩（性辣，補血。）
3. 葷油一兩（或素油）
4. 黃酒一兩（解腥。）
5. 食鹽少許（不可太多。）
6. 醬油一兩（用紹興的太油最妙，「胡羊尾巴太油蘸」之說，太油即好醬油。其他如頂油、子母油亦佳。）
7. 白糖少許（和味用。——以上炒豬肉絲的材料。）
8. 嫩牛肉半斤（小黃牛肉的肘子。）

9.雞蛋兩個（拍開只取蛋清。）
10黃粉半杯（作縴。）
11洋葱四兩（切段成一寸長。——以上炒牛肉絲的材料。）
12羊肉一斤（胡羊肉的腿子。）
13綠豆粉一杯（卽眞粉。）
14蒿菜四兩（切寸段。）
15蔴油一兩（或花生油。）
16生薑汁半盅（解毒用。——以上炒羊肉絲的材料。）

做法：

（一）炒豬肉絲

1.把豬的腿花肉切成細絲後，再把藥芹洗淨切成寸段候用。
2.將油鍋燒熱，至青煙上升，卽把肉絲倒入，速卽炒攪使肉絲條條四散分開。
3.待他脫生，將酒傾下；蓋櫪片時。
4.再下食鹽醬油及鮮湯如沒有鮮湯，可燒清水。然後把藥芹作和頭，同入再燒。（和頭卽副料，不論韭菜、竹筍、百葉等均好。）
5.燒一二透，和以白糖嘗味起鍋。

（二）炒牛肉絲

1.把黃牛肉用冷水漂洗一次，再用滾水漂洗一過，去盡筋絡用刀切作細絲。再放在打好的雞蛋清裏拌勻一過。
2.把油鍋燒熱，倒入肉絲，引鏟不停手炒二十餘下，加黃酒少許，連手下以醬油、食鹽、黃粉、清水等，洋葱亦于此時放下，再炒數下，放糖利味，卽佳。（切不多炒，以防變老，食之乏味。）

（三）炒羊肉絲

1.把羊肉置砧上，斷其直紋，橫切成片，再切成細絲，漂進在淨水裏面約浸十幾分鐘。再撈出拌以綠豆粉與蒿菜段共放入蔴油鍋內炒十數下。（炒時不可過火不然不會嫩的。）
2.見肉略熟，把黃酒、醬油、生薑汁等依次加入，反復炒動如前。

3. 和下白糖黃粉，即可起鍋。

喫法：

1. 喫炒豬肉絲，臨時加灑蔴油。
2. 喫炒牛肉絲，加胡椒末。
3. 喫炒羊肉絲加大蒜葉絲。

第十節 肉鬆

肉鬆的種類不一，有用豬肉做成的，名稱單叫肉鬆，用雞肉做成的名叫雞鬆，用魚做成的名叫魚鬆。肉鬆以福建鼎日有所產爲著名，入口即溶，吾家鄉馬詠齋的雞肉鬆亦有名。淨素的有豆腐鬆、蘿蔔鬆的名稱，他的味道當然不及肉鬆等夠味。今把各種肉鬆的做法詳細說明于下。

選料：

1. 瘦豬肉二斤（炒肉鬆用。雞鬆須先把雞肉蒸熟去皮及骨，候用。魚鬆亦須去皮骨。）
2. 黃酒二兩（解腥。）
3. 韭菜屑一杯（切極碎，或用韭菜花斬碎。）
4. 甜醬半碗（俗名甜蜜醬。）
5. 醬油一兩（或白醬油。）
6. 醬汁一盅（以薑搗汁。）
7. 白糖一匙（和味用。）
8. 蔴油一兩（炒烤用。——以上炒肉鬆的材料。）
9. 豆腐五塊（用老豆腐，這是炒豆腐鬆用的。蘿蔔鬆須把蘿蔔鏢成細絲，摻些食鹽，揑去辣水。）
10. 醬瓜三條（切屑。）
11. 醬薑三塊（切屑。）
12. 醬乳腐露一杯（或用成塊乳腐搗碎候用。——以上炒豆腐鬆的材料。）

做法：

（一）炒肉鬆

1. 純用精肉切成方塊，和入雞湯，煮極爛。
2. 撈起，用黃酒、韭菜花末、甜醬、醬油、薑汁、白糖，調清水少許拌勻。
3. 入蔴油鍋中，用筷子炒到極鬆，至乾，取起，即成。

心一堂 飲食文化經典文庫

（鷄鬆，魚鬆製法，同）。

（二）炒豆腐鬆

1. 把豆腐同清水放在鍋中，燒一小時餘。
2. 撈起用布擠去水汁，乃以油鍋燒熱，即將豆腐倒入炒攪。
3. 少時，下以醬瓜，醬薑屑，再炒十幾下，以醬乳腐露傾入，以烘乾為度。（蘿蔔鬆法同。）

喫法：

1. 吃肉鬆以乘熱為味美，冷則容易乾燥無味。
2. 吃豆腐鬆，用白糖蔴油蘸食。

第四章 大菜

第一節 塡鴨

北平特產一種塡鴨，皮肥肉嫩，滋味極美。這種鴨定全由人工喂養，特製木箱，在箱門的板上開鑿洞數處，以通空氣，卽將鴨閉置其中，放于背陽光的地方，不使牠出來游泳覓食，每天飼以如手指大的麥團，啓箱門塞入鴨的嘴內，隔了長久的時間，鴨漸失牠的本能，不能行動，表皮裏生厚脂肪層，體遂加肥，卽可取出烹調，味逾普通的鴨子，為北平菜館擅手的菜司。本市四馬路石路口為大雅樓菜館，近置此鴨三四頭于門面，以誘顧客的光臨，老饕家見之，莫不垂涎三尺，這種活廣告為很着人注目的。今把塡鴨的做法，詳細說明于下。

選料：

1. 塡鴨一只（須用活的。）
2. 火腿幾片（宜威火腿或萍鄉貨亦佳。）
3. 食鹽三錢（以上炖塡鴨的材料。）
4. 豬肉十二兩（瘦肥各半。）
5. 葱一枝（切細。）
6. 薑二三片（切屑。）
7. 黃酒二兩（分二次用。）
8. 醬油三兩（用好的。）
9. 香菌六只（放好。）
10 筍六片（須嫩春筍——以上燻塡鴨的材料。）

11 菜油半鍋（約二三斤。）

12 丁香少許（香料。）

13 山柰少許（草名亦作三柰，產于廣東，根可入藥。）

14 五香料少許（須將上三物各等分。——以上熝一填鴨的材料。）

做法：

（一）炖填鴨

1. 把鴨在宰前二三十分鐘，灌進醋一小杯，可使身上羽毛，一齊長成，（老鴨可不必）即可宰殺去毛，不可傷及鴨皮，恐防走油。

2. 用先洗淨的白洋布，將鴨緊緊包裹，放入大海碗內，加上酒二成水八成，咸火腿片生薑、葱、鹽等物，隔水炖好，然後將布除去，所得的湯澄清無比，肉也分外甘美肥嫩。

（二）⿰火篤填鴨（⿰火篤音篤，煨煮也。）

1. 把鴨宰就，燖毛破肚，用水洗淨，將食鹽遍擦內部。

2. 再把豬肉斬碎，和葱、薑屑、黃酒、醬油等料，塞入鴨肚中，以盛滿為度。

3. 預備砂鍋一只，將鴨置放鍋中，加清水滿鍋，燃火燒⿰火篤。

4. ⿰火篤透下以黃酒，然後將香菌、筍片依次加入，用文火煨⿰火篤，約燜二三小時，即爛。（⿰火篤雞法同。）

（三）熝填鴨（熝音凹，加香料在油中炸成也。）

1. 把鴨除淨，清水⿰火篤至七八分熟，撈起。（⿰火篤時須加薑、酒、食鹽。）

2. 把菜油半鍋熬滾，放下丁香山柰及五香料，投入全只鴨，炸透，炸時須緩緩用鐵叉播動，以防焦灸。及見全鴨黃透，撈起瀝乾油汁，即成熝填鴨了。照此熝法，可以歷久不壞，且味香美，推吾鄉為能手。（熝雞法同。）

吃法：

1. 用醬油蔴油蘸食。

2. ⿰火篤填鴨，用甜蜜醬蘸食。

3.吃燒塡鴨則用醬油蔴油。

第二節　天鵝肉

我們的國裏有一句成語，叫做「癩蝦蟆想吃天鵝肉。」癩蝦蟆俗稱癩團罨蛙類。唐韓愈詩云「蛤卽是蝦蟆，同物浪異名。」形狀是疙瘩醜惡可怕，那裏有吃到天上翱翔的天鵝肉的希望呢？但這不過是做個譬喻吧了。從這句成語講來，我就可以想像到天鵝肉的美妙，非一般肉類所能比擬的。其實天鵝卽是野生鵝類，在鄉間山野之區，儘有機會嘗到牠的異味。不過天鵝體格極充實，大的約有十來斤，飛行起來是極速極高的，一般獵戶很不容易捉到，要仗着射技高明方始纔有把握哩。今把天鵝肉的做法詳細說明于下。

選料：

1.天鵝一只（肥大的。）
2.五香末一錢（五香料炒熟研細。）
3.食鹽一兩（細白鹽。）
4.腿花肉半斤（把豬的腿肉加黃酒、醬油、食鹽、斬爛。）
5.生薑四片（去皮切片。）
6.葱一斤（青胡葱。）
7.冰糖四兩（泡成濃水一碗。）
8.蔴油一碗（烤時塗用。——以上烤天鵝的材料。）
9.熟鹽三錢（將食鹽炒過。）
10醬油一杯（將熟鹽先泡化在醬油內。）
11金針菜二兩（放好。）
12木耳一兩（放好。）
13香菌一兩（放好。）
14鹽雪裏蕻四兩（切細。）
15黃酒一小碗（分二次加入。）
16葱三四枝（打結。）
17紅醬油一小碗（卽濃色的醬油。——以上紅燒天鵝的材料。）

做法：

（一）烤天鵝

1. 把天鵝去淨毛，在尾部剪開一孔，取去肚內各物不必破開內處洗淨一過。
2. 先用五香末和食鹽將週身遍擦一過，再取肉糜，生薑片及葱滿滿塞進。
3. 再在皮面塗上一層濃冰糖汁，擱置器中，約二三十分鐘。
4. 然後把炭爐燒紅，用鐵叉將鵝叉住，放上烤炙。在烤的時候，要慢要緩，要勻要遍，並且隨時要用鴨毛蘸上蔴油加塗在烤乾的皮上，一邊塗着，一邊烤着，直烤到天鵝的皮面週圍四轉，都成紅色為度，即熟。

（二）紅燒天鵝

1. 仝上。
2. 次把泡水的醬油，在肚內遍擦，透，于是將發好的金針菜、木耳、香菌、鷄雪裏蕻同黃酒、葱結、薑片等一並塞入腹內，以塞滿為度。
3. 整個放在鍋內，加清水煮七八分熟，放入黃酒、紅醬油及爛和以冰糖，可食。

喫法：

1. 吃烤天鵝，須整只盛于甆盤中，上席後，再取刀匕下而食。預備醬蔴油一碟，或用麵包夾食。
2. 吃紅燒天鵝，以腿部最為味美。若將天鵝肉炒食，就覺老而無味了。

第三節　鯽魚

鯽魚形似鯉，無觸鬚，脊隆起而狹，鱗圓滑，頭與口皆小，背青褐色，腹白，產于淡水，長者至尺餘，春間的淡水魚，以鯽魚為巨擘，產量極多，故世人常以形容事物之多，有「過江之鯽」的比喻。鯽魚在春天，含子未放，肉嫩鮮潔，比較放子以後，瘦老不堪，有霄壤之別。吃鯽魚相傳有禁忌之點，遇紫藤花最毒，從前有人在花園中請客，進鯽魚湯，必經紫藤花架之下，以致釀成命案，大約物類相生相尅之意，我們不可不注意。若是我們吃起鯽魚來，既不要近紫藤花，又在買來的時候，也不要用紫藤條穿繫，最好放在竹籃中。今把鯽魚的做法詳細說明于下。

選料：

心一堂　飲食文化經典文庫

1. 鯽魚三斤（要用活的。若沒有預備些酸醋加進去。）
2. 豬肉八兩（用腿花切絲。）
3. 香菌十二只（去淨蒂同泥沙。）
4. 食鹽少許（隨意加入不可多放。）
5. 蔴油半斤（他油不用。）
6. 醬油半斤（用好的。）
7. 白沙油少許（隨意應用。）
8. 山東葱四十段（沒有本地葱亦可。）
9. 生青果十二枚（先搥扁，沒有就不要。）
10 黃酒三大碗（解腥。——以上酥鯽魚的材料。）
11 菜油半兩（清湯用。）
12 薑少許（切片。）
13 胡椒粉少許（香頭。——以上白湯鯽魚的材料。）

做法：

（一）酥鯽魚

1. 把鯽魚去淨鱗，洗淨肚內各物，用大盆逐條排放開來，面上酌量加進半肥半瘦的豬肉絲、香菌、及食鹽、黃酒少許，上鍋隔水蒸七八分熟。（最好上蒸籠去蒸）
2. 把蔴油微火燒熱，將蒸過的魚逐次酥透，撈起瀝乾油氣，待冷候用。
3. 再用蒸魚的原汁，加上醬油、白沙油、山東葱、生青果、黃酒一同放下鍋內，將酥過的魚燜到恰好。見鍋內湯已不乾不濕，即可。

（二）白湯鯽魚

1. 把鯽魚二尾，用刀刮去鱗鰓，破肚去腸胆，洗淨後，入鍋加清水，燃火燒透。
2. 加入菜油半兩，同時加進黃酒二兩，食鹽、葱薑等少許，關蓋再煮數透。
3. 起鍋時，摻入胡椒粉，湯即澄清可鑑。

吃法：

1. 酥鯽魚上席時，須要把香菌、肉絲、盡行去掉，只留葱段放在裏面就食。

心一堂　飲食文化經典文庫

2.吃白湯鯽魚卽俗名紫魚，用醬油蘸食。

第四節　鯤魚

鯤魚卽炒醋魚的原料。天廬我生說：「鯤魚卽莊子所謂北溟之鯤，魚身極巨，肉嫩而不老，狀似青魚而體幹長圓，近歲市沽，僅得其瘦小者，稱爲箭幹魚，以其瘦圓而細長頗肖箭幹耳。湖上（西湖）酒家，多以竹籠蒙之，沈于水次，謂之魚籍，客有呼醋魚者，恆帶餅，所謂餅者，乃以生魚去鱗，披爲極薄之片，以蔴油及花椒、胡椒粉拌之，味極鮮美，以毫無骨刺者爲能手，人家庖廚中所不能也。其狀如餅，薄貼于陳盤中，故稱曰餅。必謂醋魚帶餅者，因特殺一魚，惟中段骨少，可作醋溜魚，市稱『醋魚中段去頭尾』若不帶餅，則魚但去頭，劈其半扇以供，尾肉多刺，殊不能食，故必帶餅，庶其尾有用處，可切片爲魚生，亦有單嗜餅者，則呼魚生盤兒」今把鯤魚的做法，詳細說明于下。

選料：

1.鯤魚一尾（用鮮活的。）
2.葷油二兩（煎魚用。）
3.筍丁一盅（切細。）
4.肉丁一盅（切細。）
5.醬油二兩（用好的。）
6.黃酒二兩（用陳的。）
7.藕粉半杯（調漿。）
8.白糖少許（鮮頭——以上炒西湖醋魚的材料。）
9.鷄蛋二枚（用蛋白。）
10花椒少許（香頭——以上醋魚帶餅的材料。）

做法：

（一）炒西湖醋魚

1.把鯤魚用刀去鱗雜洗淨，對剖爲二，橫斷爲三，取其中段（首尾另用）置于瓷盆中，上鍋在小蒸汽上蒸熟。

2.一面調葷油入鍋，並加熟筍丁、熟肉丁、醬油、黃酒，待滾起，乃調藕粉粉及白糖，傾入攪勻。

3.然後出所蒸的魚，即將油鍋離火，入魚後，將鍋一揿，令魚翻身即佳。又法：把蒸熟的魚不落鍋即用煎濃的葷油、筍丁、肉丁、醬油、黃酒、藕粉等作料，澆于魚面上，尤爲鮮嫩可口。

（二）醋魚帶餅

1.把鯇魚的尾部披爲極薄的片，用蛋白、藕粉、花椒拌勻。

2.然後將蔴油入鍋燒熱，把魚片倒入炒爆，待透，下以黃酒、醬油等料。

3.最後加白糖和味，速即起鍋。

喫法：吃西湖醋魚及帶餅，須酌加蔴油、胡椒末于碗面，以增香味。

第五節　鱖魚

鱖魚即桂魚，俗稱居魚，巨口細鱗，皆鰭有刺甚硬，色青微黃，有黑斑，腹淡白，肉無芒骨，毫無刺喉的害處。杭州人製魚羹，乃以鱖魚加作料蒸熟，去骨取肉爲羹，加以食鹽、蛋黃及薑醋，爲酸辣湯，其味腴美，絕似蟹羹，故稱假蟹羹。此羹即就是宋嫂魚羹，嘗經壽皇御賞，有口皆碑。有人說：西湖醋魚爲宋嫂魚羹，實非。但據西湖游覽志餘云：「湖中多雜魚，而獨無鱖」；然則宋嫂魚羹獨邀御賞，正以鱖魚非湖中所有的緣故。鱖魚以二三月間最時鮮，此時江鯽未上，鯽魚放子已瘦，惟此魚最優。今鱖魚的做法，詳細說明于下。

選料：

1. 鱖魚一尾（用鮮活的。）
2. 鷄湯一碗（或其他鮮湯。）
3. 火腿一塊（煮熟，切片。）
4. 香菌三只（放好，切碎。）
5. 春筍一小只（切片。）
6. 鴨蛋二枚（打和候用。）
7. 生薑汁少許（把生薑打汁候用。）
8. 醬油二兩（用好的。）
9. 黃酒一兩（揀好。）
10. 黃粉少許（調漿）

11 白糖少許（和味鮮頭。）
12 酸醋少許（隨意應用。——以上宋嫂魚羹的材料。）
13 葷油四兩（或素油。）
14 葱屑少許（切細。）
15 薑汁少許（切細。——以上醋溜鱖魚的材料。）

做法：

（一）宋嫂魚羹

1. 把鱖魚除淨鱗片，剖腹挖腸，洗淨。把魚同肚內各物盛于盆中，和入食鹽一撮，黃酒二兩，葱薑少許，先入鍋隔水蒸到半熟，取起，去淨皮骨，隨用撕作碎塊，候用。
2. 另把雞湯入鍋，先行煮滾，即將火腿、香菌、春筍等小薄片，加入同煮，再將打和蛋汁傾入湯中，用筷攪勻。
3. 待沸把鱖魚碎肉放下，又生薑汁、醬油、食鹽、黃酒等，次第加入，再煮一二滾，便下黃粉白糖酸醋，充分攪勻，上碗供食。

（二）醋溜鱖魚

1. 把鱖魚去鱗淨肚，既畢，再將魚的全身，用刀劃作縱橫痕迹，劃成畦形。
2. 次把灶中燃火，將鍋燒熱，先置葷油於鍋內，再以鱖魚投入油鍋中並透。
3. 另外以黃粉取水融化，加黃酒、酸醋、醬油和入黃粉碗。俟魚煎至兩面黃透，大約五分鐘後，即將碗內和好之物，傾于鍋中，再加以葱薑屑等物。燒至湯汁將乾未乾之際，即行起鍋。

喫法：臨吃的時候，都加蔴油、胡椒末少許，嫩酸可愛。

第六節　蓴菜

蓴菜一名蒓菜，又名水葵，菜作橢圓形，作綠色，有長柄，莖及葉背皆有黏液，故用以製羹，膩滑可口。春季稚而嫩，夏季開花，不中食，秋季就要老了。在晉代的時候，有張季鷹名翰，爲齊王冏東曹掾，一天，見秋風起，因思吳中菰菜、蓴羹、鱸魚膾，遂命駕歸，區區蓴菜，其能奪實情如此。又陸機嘗指王濟，濟指羊酪對機說：「吳中何以敵此？」答云：「千里蓴羹，末下鹽頭。」一時以爲名對，亦是一個掌故哩。孜蓴菜産地，不僅西湖一處，如紹興的鑑河，蕭山的湘湖，嘉興的鴛湖，硤石的鵑湖，吳興的菱湖，餘杭的南湖，以及蘇州的太湖，常熟的尚湖。無錫的蓉湖，蕩口的鵝湖，都有出產。然以數處相比較，則以西湖爲佳，故傳名天下，婦稚皆知。蓴菜準備法，當先以冷水漂淋，行水洛法，但去河泥，勿去其滑澤之脂，置碗中，以掌遮護碗口，使水從指縫流去，則蓴淨而不失其眞。另以高湯（卽鮮汁）入火腿絲，熬煑至沸，乃將火腿絲撈去不用，但用湯汁，勿使停沸，連以漂淨之蓴傾入湯中，則湯沸立停，卽離火可食。香脆而滑爛，清沁齒頰，有非他物所能比擬的了。耕餘錄云：「其略如魚髓蟹脂，而輕清遠勝；其亦無得當者，惟花中之蘭，果中之荔子，差堪作配。」其贊美可知。今把蓴菜的做法，詳細說明于下。

選料：

1. 蓴菜二兩（用新鮮[illegible]。）
2. 鷄湯一碗（或其他鮮汁。）
3. 火腿一小塊（切絲。）
4. 嫩筍少許（切絲。）
5. 食鹽一撮（鹹味須少。）
6. 黃酒少許（去腥。——以上火腿蓴菜羹的材料。）
7. 香菌八只（用熱水放浸候用。——這是香菌蓴菜羹的材料。）

做法：

（一）火腿蓴菜羹

1. 把蓴菜用冷水漂濤于碗中，用王盞住流去的水汁，候用。
2. 用鷄湯入鍋，加火腿絲、筍絲、等煑沸，略下食鹽、黃酒，卽把火腿絲、筍絲撈去不用，但用湯汁勿使停沸。
3. 乘沸的時候，速卽把漂淨的蓴菜，傾入湯中，不必再燒沸，卽可起鍋了。

心一堂　飲食文化經典文庫

（二）香蕈蕁菜羹（淨素）

1.今上。

2.用放香菌的湯汁，頂脚入鍋，加香菌、笋絲等煮二三透。

3.然後把蕁菜放下，加些食鹽、黃酒、一透起鍋供食。

喫法：素蕁菜湯加滴蔴油，乃佳。

第七節　醬豬肉

醬豬肉以蘇州陸稿薦最爲出名。相傳有一段神話：據說蘇州城內有一家肉店是陸姓的主人開的。這位姓陸的，非常好善凡是苦貧的人要他救濟，他沒有不傾囊相助的。于是慈善的名聲，傳遍遠近。一天來了一個骯髒不堪並且病勢危殆的乞丐，求他救濟，這位陸善就給他請醫服藥，不多幾天，病就好了。及到早晨主人起身，不料乞丐竟不別而行的走了，主人也並不爲怪，四面一望，見到門前有乞丐所遺穢薦一條，收拾起來，也不以爲意。到了後來某一年的春天，店中缺乏燒醬豬肉柴料，纔想到乞丐的穢薦，暫可借用一次，及到投入灶內，頓覺異香四溢，芬芳馥郁，拿來嘗嘗味道，固然佳妙，主人纔始知道這位乞丐是仙人下凡了。店主人爲紀念仙人，就取名陸稿薦，吃客爲醬豬肉味道香烈，認定所購的店陸稿薦，因此上陸稿薦三字成爲轟傳千古的店號了。以我的知道的，其他如蘇州的杜三珍，上海的浦五房二家，出品與陸稿薦可以頡頏上下，只不過沒有陸稿薦有一段掌故，可以聳人聽聞吧了，今把醬豬肉的做法詳細說明于下。

選料：

1.鮮豬肉二斤（五花三層肉。）

2.甜醬一缽（或用醬油。）

3.紅米一小包（紅滷用的。）

4.茴香三只（香頭。）

5.花椒少許（香頭。）

6.燒料皮三塊（香頭。）

7.生薑一小塊（切片。）

8. 黃酒四兩（解腥。）

9. 冰屑二兩（和味用。）

做法：

1. 把豬肉切成方塊，浦在甜醬鉢內，隔一天，取起，去其醬汁。

2. 再以紅米、茴香、料皮等包入蔴布袋，同薑片、肉塊等一併入鍋，須用文火徐徐烹煮。

3. 見他將爛，已呈桃紅色，卽以文冰倒下收露，俟其濃厚，就可鏟起供食。

喫法：

若喫的時候，肉已冷了，可放飯碗底熓熱。因爲不可多蒸，多蒸要走油了。

第八節　東坡肉

東坡肉這個名詞，是多麼雅麗！爲什麼叫做東坡肉呢？說出來也有一段故事：宋氏詩人眉山蘇軾，字東坡，和一位佛印和尚是朋友，並且很是知己的。東坡時常要問佛印和尚「你吃肉否？」佛印笑而搖首，表示佛門弟子是茹素的。實則他同近代的曼殊和尚一樣的看花吃肉。只不過不及曼殊徹底，能公開的寫信給朋友說「寫于紅燒牛肉之畔」所以佛印的吃肉，一定是偷偷摸摸的。一天蘇東坡和蘇小妹到佛印廟裏去訪，忽嗅得肉香四溢，便悄悄的走進禪房，發覺佛印在燒紅燜肉吃，東坡問他「這裏面是甚麼東西？」佛印笑笑說：「東坡肉。」後來東坡就照法製來，固然名不虛傳，就掠美到自己身上去做飲食的發明家了。他實則並未掠美，上了佛印的當吧了。但也有人說，世不稱佛印肉而稱東坡肉的緣故，因爲隱匿佛印的緘處，所以這樣說的。由此看來，蘇東坡畢竟忠厚。但忠厚也有忠厚好處，所有東坡肉三字，流傳了幾千年而不衰。今把東坡肉的做法，詳細說明于下。

選料：

1. 瘦豬肉一塊（用三層五花，約一斤重。）

2. 食鹽五分（以少爲是。）

3. 白醬油一兩三錢（卽淡醬油。）

4. 紅滴珠醬油七錢（或用江西淡豆豉泡成濃

汁可也。）

5. 八角茴香三枚（即香料。）

6. 黃酒六兩（紹興酒。）

7. 冰糖三錢五分（和味用。）

做法：

1. 把豬肉洗淨後，用刀切作四方塊子一塊。先取鹽將肉擦透，用鉄叉叉住在炭火上烤到兩面黃取出。

2. 把預備好的瓦鍋一個，底下先放碎瓷片十幾枚，再放進黃鹽頭一只，然後把肉擱在黃鹽頭上。擱時肉皮要着底，精肉要向上。

3. 加進醬油、茴香，放上炭火上去猥煑。到了四五十滾，再加黃酒，再煨一百多滾，方加熱水一壺，以蓋過肉面二寸以上為度。

4. 待煨至肉皮已轉紅色，加上冰糖，再煨三刻，于是將肉翻轉，又約三刻工夫，又翻轉，如是一連翻四五次，皮酥肉爛，即可上席。

喫法：

吃的時候，用筷一夾即爛，惟以乘熱為佳。

第九節　藕肉

「公子調冰，佳人雪藕。」藕之為物，百孔玲瓏，絲絲入扣，古人稱他為「靈根出水」，很有意思。藕有田藕、塘藕的分別。塘藕產于蘇州南塘，尤為上品，清代常州入貢，有所謂「傷荷藕」，因葉味甘，易為蟲所傷。又梅灣北蓮塘，亦以產藕名，其甘嫩不減高郵。車坊藕鬆脆無比，惟皮色粗惡，有失亂瞻，皮相失天下士，不但藕一物為然。前數年高郵帶經鄉農民，忽得方藕數段，藕作長方形，每段分成三節，每節皆作長方形，剖出視看，不料藕孔亦成方式，可稱奇藕。普通的藕，以一節為佳，雙節為次，三節又次。三角形的孔小肉厚，圓筒形的孔大肉薄。凡購藕擇藕的人，不可不知。藕的掌故，以楊太眞事為最豔。太眞嘗著鴛鴦並頭蓮錦袴襪，三郎戲她說：「貴妃袴襪上乃眞鴛鴦蓮花也。不然其間安得有此白藕乎？」太眞因名袴襪為「藕復」。但又因藕的冰肌玉骨，有擬嫩藕為玉臂，極騷人墨客形容贊美的能事。男女間情意之未絕者，世人常以藕斷絲連作比喻。故藕的詭異名貴者，如終南山有旱藕，見唐書。千常碧藕見拾遺記。「太華峯頭玉井蓮花開十丈藕如船」見韓愈古意，長安城南楔祀池產巨藕，曰「玉臂龍」又此方出三孔藕，名「省事三」，同見清異錄。今把藕肉的做法，詳細說明于下。

選料：

1.鮮藕一節（切塊。）

2.豬肉半斤（切碎）

3.黃酒半兩（陳酒。）

4.食鹽少許（隨意一撮。——以上蒸肉藕的材料。）

5.醬油一兩（要好。）

6.葱一枚（切屑。）

7.黃粉少許（調漿。——以上夾肉藕的材料。）

做法：

（一）蒸肉藕

1.把藕洗淨泥質，用刀削去其皮，切成纏刀塊。再把豬肉切爲排骨塊。（參看葷盆排骨節。）

2.把豬排和藕塊同放碗中，下以黃酒食鹽，上鍋同燉，待爛而食，味道不亞于鷄汁。

（二）夾肉藕

1.把藕洗淨，去皮，再切成薄片。一面把肉斬爛，和入醬油、食鹽、葱屑、黃粉等。

2.用藕二片，中間夾以斬細的肉糜，即可投入熱油鍋中炙黃，即行撈起。

喫法：

1.吃蒸肉藕，略加胡椒粉少許。

2.吃夾肉藕，蘸以甜蜜醬。

第十節 蛤蜊

蛤蜊一名密丁，軟體動物，蜆屬，殼幾爲正圓形。外面黃褐色，輪紋稍高叠，內面白色，肉味甚美，我國人多以供膳，亦名圓蛤。王鞏清虛雜著云「京師舊未嘗含蜆蛤，錢司空始以蛤蜊爲醬，于是海錯悉醢以走四方。」按蛤黎即蛤蜊，還有一種名叫文蛤，亦介屬軟體動物，在淺海沙中，大者二三寸，殼略如心臟形，微白，有褐色放射狀的帶紋，內面白色，水管甚長，足有脚力甚強，僅一二分時，能掘沙土埋體其中，肉味美可食。今把蛤蜊和文蛤的做法，詳細說明于下。

選料•

1.蛤蜊十只（用鮮的。）
2.春筍一只（切成骨牌塊，）
3.火腿一方（切成方塊。）
4.鷄湯一碗（或其他鮮汁。）
5.食鹽少許（以少爲是。）
6.黃酒一兩（解腥氣。——以上蛤筍湯的材料。）
7.文蛤十只（用鮮的。）
8.香菌四只（放好）
9.生薑片二片（去皮。——以上蒸文蛤的材料。）

做法•

（一）蛤筍湯

1.把蛤蜊洗淨，置大碗內，取開水泡一過，用手剝開，將肉逐一取出，另置一碗。
2.一面用春筍，用刀切成似骨牌的薄塊。又用金華火腿（或用雲南宣腿，其他如江西萍鄉火腿亦佳。）却成形似牛奶糖的方塊。
3.然後將以上三物同置鍋中，加鷄湯一碗，放食鹽少許，煮一滾，下黃酒，再煮數滾，取出，傾于碗中，即可供食。

（三）蒸文蛤

1.先把文蛤肉由殼中取出，剜去頭部，並將皮腸各物洗淨。
2.把蛤肉用火腿片、（或加瘦豬肉片）香菌、生薑片、鷄湯、黃酒等一同放入碗中，上鍋蒸吃

喫法•

1.吃蛤筍湯，略加蔴油少許。
2.吃蒸文蛤能補命門的火，有益衛生。

第一章　點心

第一節　酒釀

酒釀爲點綴立夏十八景之一。吳諺云:「立夏見三新,」卽指櫻桃、青梅、蠶豆而言。但據清嘉錄云:「立夏日,家設櫻桃青梅穛麥供神享先,」一名曰立夏見三新。蔡雲吳歈云:「消梅影肥營桃熟,穛麥甘香蠶豆鮮,鴨子調鹽剖紅玉,海螄入饌數青錢,」則並舉應時節物,並未將「三新」加以區別。崑新合志云:「立夏日,家設櫻桃、青梅、麥、蠶豆、簪糕、等物,飲燒酒,」名曰立夏見三新則與清嘉錄所言略同。沈朝初憶江南詞有分詠「三新」之作。詠青梅云:「蘇州好,王叠結梅酸,夢起細含消病渴,繡餘低嗅沁心寒。青梅小如丸,」詠櫻桃云:「蘇州好,新夏食櫻桃,異種舊傳崖蜜勝,淺紅新樣口脂嬌,小核味偏饒。」詠蠶豆云:「蘇州好,豆莢換新蠶,花底摘來和筍嫩,僧房煮後伴茶鮮,團坐牡丹前。」上述酒釀、櫻桃、青梅、蠶豆、穛麥、鹹鴨蛋、海螄、簪糕、燒酒、杜園筍、碧螺茶十一種名稱,加之流俗相傳應時節景,如夏魚、鰵魚、牡丹、荼蘼、楝花、薔薇以及「稱人」等類,這豈不是十八景嗎?講到酒釀一物,以嫩甜爲上,取糯米蒸熟,置于缸中,放入酒藥,包紮緊密,四周束以稻草,待過相當時期,米粒現柔軟狀,且富有酒味,卽可食。自做酒釀,因費時較多,酒味亦較濃,故味能勝市上的售之品。若拿來煮熟食牠,亦頗有味。且可將鷄蛋一起燒食,較之單食雞蛋有過之無不及。又如燒糯米粉圓子時,加入一些酒釀,其味亦甚鮮美(製法詳本書春令點心內。)今把酒釀的做法,詳細說明于下。

選料:

1. 糯米一斗(用上白糯米,並且米粒不要有細碎的。)
2. 甜酒藥一丸又二分之一(市上有售,但須向明凶與不凶以定分量。——以上做甜酒釀的材料。)

3. 雞蛋四枚（用雞初生的蛋最好。）
4. 桂花米少許（香味。——以上酒釀鋪雞蛋的材料。）

做法：

（一）甜酒釀

1. 把糯米先放清水中，浸一晝夜，撈起再行淘清，上蒸籠蒸透，用冷水冲淋一過，仍用原水再淋，以改溫度，即可倒進缸中。
2. 次把酒藥（預爲研細成粉。）撒下，拌入飯中，拌勻揿平，中控一潭，上面再洒些藥粉，然後緊關缸蓋，缸蓋四周用稻柴圍緊，或放在礱糠裏，使增加温度，最少隔三天，酒釀即熟。

（二）酒釀鋪雞蛋

1. 把鷄蛋先拍碎放于碗中。再以水傾下洋鉄鍋，燃着打汽爐燒至沸點。
1. 啓關，把碗中鷄蛋倒下，略煮二四分鐘，加下桂花少許，酒釀半杯即可盛起供食。若再煮，蛋要老而不美。

喫法：

1. 甜酒釀的喫法，用匙層層取起，盛于碗中，冷食。
2. 此蛋不用酒釀，桂花，放下醬油、味精及葷油味鹹亦可。

第二節　湯麵

越俗有云「冬至餛飩夏至麵。」我們從此可以知道越中夏至日有喫麵的風尚。吾蘇麵館，名目之多，眞罕與倫比。湯麵用豬油的，叫做肉麵；肉麵中又分肉絲、小肉、燜肉三種。用雞肉的，叫做牡雞麵。用鴨肉的叫做滷鴨麵。又有雞、魚、肉三種合錦的，叫做三鮮麵。用鱔魚的，叫做鱔絲麵。用蝦肉的叫做蝦仁麵。用青魚尾巴的，叫做豁水麵。其他尚有白湯麵、過橋麵等諸花色，不克備舉。湯麵之美在乎湯汁，湯汁當用油足濃厚之露，如用醬油湯則不佳。所用生麵，有機製麵，杜打麵二種。杜打麵製法：以白麵粉若干，用清水冲拌成塊，稍加食鹽，搨和後放麵牀上，以麵杖捩平，捲打成薄片，略撒小粉，免得黏結，及打薄，即將摺疊起來，然後用切麵刀切成細條，用手取起，攤平竹匾中候用。今把小肉麵和滷鴨麵二種的做法詳細說明于下。

選料：

1. 生麵一斤（市購機製麵，或杜打麵。）
2. 紅肉汁一大碗（或用鷄汁。）
3. 小肉一碗（將豬肉切小薄片，加黃酒、醬油、紅燒而成。——以上小肉麵的材料。）
4. 大鴨一只（紅煮。）
5. 食鹽少許（鹹頭。）
6. 黃酒二兩（解腥。）
7. 醬油二兩（用濃醬油。）
8. 甜醬半碗（顏色。）
9. 茴香二只（香料。——以上滷鴨麵的材料。）

做法：

（一）小肉麵

1. 先把清水滿鍋，燃火煮沸，開鍋櫃將生麵落下，用筷掏勻，燒一透，見麵浮起，即用竹爪篱撈起，浸入冷水盆中一激。
2. 放在冷水盆中的麵條子，一激即行取起，不可太冷。（太冷即行冷拌麵了。）然後分配數碗，碗中放原汁，（最好紅肉汁。）冲以開水，即可將麵分裝各碗，碗面上蓋小肉一層，即名澆頭。如喜食肥的，名叫劈面，喜食瘦的，名叫挖底，名稱不一。以常熟麵館爲著名。

（二）滷鴨麵

1. 把大鴨去毛破肚，洗淨，裝下瓦鍋中，加滿清水燉爛，即以食鹽、黃酒、醬油、甜醬、茴香同下，至燒濃湯汁爲度。將鴨取起，紅露另儲，候用。
2. 同上第一手續，將麵裝于碗中，加以上好鮮湯，另用盆子一只，將鴨胸膛肉切成長條塊，裝于盆中，上加紅露，即可仝時上席。以蘇州松鶴樓爲著名。

喫法：

1. 市上肉澆，往往冷的，食時，須用筷將澆頭壓在碗底煨熟。
2. 吃滷鴨麵，用過橋法。食時，將鴨放進麵碗中，其味無窮。

第三節　蒸糰

蒸糰的原料，用糯米粉，包以餡子而成。若把南瓜。拌在粉中做成的，叫做黃金糰。把南瓜葉汁拌成的，叫做翡翠糰。牠的顏色，一個是黃，一個是青，所以有黃金糰翡翠糰的美稱。吳江同里鎮有一種點心，名叫「閔餅」極夠味。此餅創自鎮上一家姓閔的餅店，因以得名。據說有一百八十年以上的歷史，當清高宗南巡的時候，曾喫過此餅，很是贊美，因此馳名遐邇；一直到現在，閔餅之名不衰。大約就是這個緣故吧？但是地名式爲餅，實則和翡翠糰沒有什麼兩樣的地方。不過翡翠糰所用的青水，春天取漿麥草，夏間取南瓜葉，惟同里閔姓所製，特採用吳江人俗名「子染頭草」或「草頭」「石灰草」一等汁應用，所以蒸出來的閔餅，格外青蔥鮮潔可愛。此外，記得紹興地方二三月之交，有古色生香的點心兩種，一是艾糕，一是黃花菓糕，今補述于此，以廣流傳。兩種糕的製法大咯相同，不過黃花菓糕比較有些古意了。黃花菓是繁生在堤岸原野間的一種草類，那葉瓣同蓬蒿菜彷彿，俗爲狼鬚草，實則科學名詞爲蒲公英，此名即紹人亦模糊影響，予故特爲標明在這裏，以供研究。他們採歸以後，搗搡取汁，和以白糖糯米粉，切塊蒸糕，卻有一種特殊清香入味的糕味。越諺有云：黃花麥菓輭（音凝）結結，關得杜門自要喫」即今人魯迅，亦曾贊美此糕，見于他的作品中。攷古代詠事中有西種的索影：一爲「曲江採菉，士民游觀」，二爲「宮中排办桃菜御宴，」或即是對于此種黃花菓而說的。今把蒸糰以及閔餅艾糕，黃花菓糕的做法，詳細說明于下。

選料：

1. 糯米粉一升（細潔的。）
2. 南瓜汁一大碗（把南瓜去皮，剖去子，入鍋煮熟再成汁候用。）
3. 芝蔴一小碗（炒熟磨細，加白糖、豬油作心。）—

一以上黃金糰的材料。

4. 漿麥草汁一大碗（用石臼舂汁，放些石灰汁瀝清。）

5. 玫瑰醬一杯（加白糖，豬油爲心。——以上翡翠糰的材料。）

6. 子染頭草一大碗（打汁，亦用石灰汁瀝清。或用草頭石灰草亦可。）

7. 豆沙一小碗（把赤豆浸胖，和水磨細，榨取其渣，用赤沙糖炒熟，和入白糖、豬油、桂花作心。——以上閔餅的材料。）

8. 青艾汁一大碗（頂脚。——這是艾菓糕的材料。）

9. 蒲公英汁一大碗（頂脚。——這是黃花菓糕的材料。）

做法：

（一）黃金糰

1. 把糯米粉拌南瓜汁，加以清水，再拌，便成乾濕相宜的糰塊，分摘開來，成爲若干小塊，名叫糰坯。

2. 把糰坯中央捏空，裝以芝蔴、白糖心，包起來，搓圓。俟其他糰坯一齊做完，乃畢。

3. 把做成的糰子平攤竹墊，上鍋蒸熟，取起，放入籃中，上蓋紅印，即可上席。

（二）翡翠糰

1. 把漿麥草洗淨後，放進石臼內，搗爛取汁，汁內須放些石灰質，使顏色容易鮮潔。

2. 次把粉拌以青汁，捏成小塊，捏空包以玫瑰、豬油白糖，搓成圓形。

3. 然後將糰子上鍋蒸透，即熟。

（三）閔餅

1. 把上白糯米粉，拌以「子染頭草」汁，捏和後，再行做成餅坯。

2. 用白糖、豬油、夾沙，包成圓形。

3. 然後上鍋架便蒸，以熟爲度。

（四）艾糕

1. 二三月的時候，把青艾自田間摘來，取其嫩頭，洗淨後，入臼舂爛，搾取其汁，和入白糖，糯米粉中。

2. 攔和，搓成長條，摘作小塊，放在木質印模中，或圓或方，或放在竹篩中撳成花紋，均可隨意。

3. 將一併做成後排置于蒸籠中，蒸熟。（黃花菓糕法同。）

喫法：

1. 蒸糰及閔餅，臨食，或用油煎熱，亦佳。

2. 喫艾糕和黃花菓糕，須蘸以白糖，木樨醬，清香樸鼻。

第四節　磁糰

磁糰的名稱，大約因爲牠潔白如磁的緣故。原料是糯米，用以煮飯，然後搗和，包以黑芝蔴，赤沙糖，做成饅頭大小，裝入薄鋪小粉的竹籠中，糰上刻印紅胭脂色一點，卽成。今把磁糰的做法，詳細說明于下。

選料：

1. 白元一升（卽上白糯米。）

2. 赤沙糖四兩（或用黃糖，白糖。）

3. 黑芝蔴四台（原名胡麻，相傳漢張騫得其種於西域，故稱胡麻。）

4. 小粉少許（鋪在籠中，使不黏貼。——以上舂磁糰的材料）

5. 菜油二兩（或葷油。）

6. 白糖二匙（蘸食用。——以上並磁糰的材料。）

做法：

（一）舂磁糰

1. 把糯米浸在清水中，淘洗極淨，再行入鍋加水，煮成糯米飯。

2. 預備石臼一只，將糯米飯放進，用木杵舂牠一個和潤。然後分爲若干小塊。

3. 同時一方面將芝蔴炒熟，用器研細，加沙糖拌和。卽以包入小塊中，搦緊搓成圓形，放進竹籠中，須攤置均勻。糰面印上一點胭脂，益覺紅白分明。

（二）煎磁糰

1. 把油鍋燒熱，加下磁糰四枚，煎透。

心一堂　飲食文化經典文庫

2.下清水少許，蓋鍋𤍨煮一二透，即可起鍋。

喫法

1.以冷食爲佳，

2.把煎磁糰裝盆中，加上白糖，蘸食。

第五節　湯餈

湯餈是夏令點心中的特品，清用蒸熟糯米粉一塊，拌和生粉內，須加清水同拌，然後包以水晶餡，做成湯糰大小的形狀，上鍋蒸熟，取起滾入黑芝蔴屑中，即成湯餈了。此點所以用蒸熟的粉同拌。是使糰殼不易穿，有保持糰內露汁不外溢的好處。今把湯餈的做法，詳細說明于下。

選料

1.糯米粉一升（用上白細粉。）

2.豬油四兩（用厚板油去皮，切成小骰子塊，用白糖洧浸。）

3.白糖四兩（拌板油塊用的。）

4.黑芝蔴三合（炒熟，用鉢研細，加些白糖，是滾在湯餈的四周用的。）

5.杏仁霜一杯（冲杏酪湯用。）

做法

1.把白粉二合，以清水拌和，入鍋蒸熟。取起。

2.把生粉亦用水拌和，將蒸熟的粉加進，拌他極和爲度。

3.再用拌和的粉，搓成長條，摘成小塊，用白糖豬油作心子，叫做水晶餡。

4.包好後，搓圓形，然後上鍋架蒸熟。

5.取起，放進芝蔴屑內一滾，使四周着芝蔴屑，即可裝盤供食。

喫法

臨食的時候，或預備杏酪、白糖湯一碗，將湯餈放在湯中，用匙同食。

第六節　粢巴

粢巴分二種，一名馬打滾；一名驢打滾。據說馬打滾一物，爲江西省的地方品食；而驢打滾則出品在距北平西郭數十里內，該處鄉農，常作餽贈親友的禮品，于歲末爲盛。馬打滾的原料，用糯米粉，將蒸熟後，使牠團團成餅，俟其乾硬，然後和水煮軟，乃糜爛而止，別取糖霜豆粉盛于碗中，將餅投入，則糖霜豆粉自會黏附，其味甘芳可口。驢打滾則以豆粉作小糰，蒸熟，再滾以糖，故云。我曾以馬打滾詢問江西友人，都說不知道。已故詩人樊之山嗜食此物，或者和驢打滾是二而一的東西，後人誤爲江西食品，亦未可知。今把馬打滾和驢打滾的二種做法，姑且說明于下。

選料：

1.糯米粉一升（細而白的。）
2.玫瑰豬油一碗（或用豆沙。）
3.白糖半斤（或用糖霜。）
4.黃豆末一碗（即豆粉，把黃豆炒熟，研成細末。——以上馬打滾的材料。）
5.白芝蔴四合（炒熟，研成細屑。——這是驢打滾的材料。）

做法：

（一）馬打滾

1，把白糯米粉拌濕，上蒸籠蒸熟。
2.次把蒸熟的粉，摘成塊塊，每塊包以甜餡，（不論玫瑰豬油、豆沙）做成小糰，攤在盤中。
3.等到乾硬以後，和水煮至極爛。
4.另用一碗，儲以白糖、黃豆末，即把煮爛的糰，投入其中，待他四周黏住粉末，即可取食。

（三）驢打滾

1，把米粉加白糖拌就，再用水拌成適宜之塊，作爲小糰狀。
2.攤上蒸架，燃火蒸熟。
3.起鍋，即滾以白芝蔴屑、黃豆粉、白糖，可食。

喫法：臨食時，可放桂花米少許，以增香味。

第七節　挂麵

晚近女詩人呂碧城常作海外生活，她曾發明二種挂麵做法，价廉物美，可稱素食的良友。她在「日常生活之一班」一文裏說「海外旅費以膳宿二者爲巨宗。膳且較昂，旅館無論大小，寢室未必皆精，而餐所則皆華褥之廣廈，侍役概著大禮服，趨蹌伺候，巨觜巨輪，以銀車推至客前，臨時割取，紅蝦盈尺，以銀盤進。此等排場，無非剝削旅客之貲財，肉既不熟，割之見血，魚蝦尤腥，俗所謂化錢討苦喫，直冤極也。……間於寓所日炊以遺興，小爐二寸，燃「蜜特」火精，小片白如瓊霜，焰作藍色，頗類珍玩。予雖不善烹飪，且乏材料，然亦能得美味，以乳及巴黎醬油爲主要品。今夏，購得紫茄切成小塊，先用乳油炒熟，再加鹽、糖、醬油，小火煮之，食時覺香美無比，色、香、味皆臻上乘。又以黃瓜去皮，切成小丁，同樣烹調之，但使湯滷略多，以挂麵加入，並至湯乾，則瓜汁及乳盡入麵內，滑膩甘芳，較上海之伊府麵爲尤美。」（按汀州伊秉綬常以家廚特製大麵宴客，因以得名。）今特介紹于此，詳細說明如下。

選料：

1. 挂麵一團（即細小的乾麵條，比較卷子麵稍粗些。）
2. 番茄一兩（即紫茄。）
3. 乳油一兩（或素油。）
4. 食鹽少許（或精鹽。）
5. 白糖少許（或車糖。）
6. 醬油半兩（或辣醬油。——以上番茄挂麵的材料。）
7. 黃一瓜兩（新鮮的。——這是黃瓜桂麵的材料。）

做法：

（一）番茄桂麵

1. 把番茄用力的背部，遍擦他的皮，然後剝去，切成薄片。
2. 次把油鍋煎熱，將番茄片倒入炒透，加些食鹽、白糖、醬油及清水，用文火煮熟。
3. 然後把挂麵加入，煎至湯乾，即可供食。

（二）黃瓜挂麵

1. 把黃瓜洗淨，刮去其皮，切成小丁，盛于碗中。
2. 仝上。
3. 仝上。

喫法：食時，加些蔴油，尤爲佳美。

第八節　角黍

角黍卽粽子，以糯米裹箬葉，（俗名粽箬，甯波，紹興，人用笋籜，鎮江暨江北一帶用蘆葉）其形似角，故稱角黍。風土記：「端午進筒糉，一名角黍。」注云：「俗先以二節日用菰葉裹黍米，以淳濃灰汁煑之令爛熟，于五月五日夏至啖之。黏黍一名糉一曰角黍，蓋取陰陽尙相裹未分散之時象也。」楚俗投汨羅水祀屈原，見續齊諧。蘇東坡詩稱「飯筒，」陸放翁詩稱「瓷筒，」于此可見名式極多。單以清水煑的名叫白水粽，灰湯煑的色黃名叫灰湯粽，和可可之粉同裹的發鼻烟色名叫可可粽，和赤頭同裹的名叫赤頭粽，用菉豆裹成的名叫菉豆粽，用蠶豆裹成的名叫豆板粽和紅棗同裹的名叫棗子粽，純用血糯做成的名叫桃花粽。當色裹時，嵌以豆沙、白糖、豬油、火肉、鮮豬肉等的，卽成夾沙粽、豬油粽、火腿粽、肉粽；惟裹此類粽子，以包成方形爲便。食時除火腿、鮮肉以外，均蘸白糖同食爲佳。最特別的，鎭江及洲圩等處，新年中亦有裹粽的俗尙，他的式樣大而且長，形似寶塔，長約尺許，一枚足供三四人之食。藏粽子的方法：把他浸在水內，日日換水，可保一月不壞。再者，糯米性黏，小兒食他很不易消化，以攙粳米者爲宜。按粽和中（去聲）是一音之轉。昔時科舉思想未泯。每于端午節。將角黍盛于盤中，堆積一如山式，用尖角結頂，使小兒持竹弓矢射去，若得射中者，有科名之兆，這是可知迷惡科舉之毒。試問現代實行的考試制度，則又作如何感想？無須多言，請嘗試桃花粽吧！今把桃花粽鹼水粽及甜鹼粽的做法，詳細說明于下。

選料：

1. 血糯一升（松江人稱桃花米，產松隱桃花山。）
2. 蘆葉二把（俗名粽箬，又稱箬葉，隨採隨用更佳。）
3. 蔴綿一紮（結粽子用。——以上桃花粽的材

心一堂　飲食文化經典文庫

料)。

4.白糯米一升(或鑲些白粳米。)

5.豆殼灰一袋(用布袋紮好。)

6.糖油一碗(把赤沙糖化水,頂去泥沙,再用菜油少許,入鍋熬透酌加桂花米,即成。——以上鹼水粽的材料。)

7.火腿一塊(切成小方塊)醬油浸候用。)

8.棗泥一杯(把紅棗去皮去核煨極爛連汁搗泥加白糖製成。)

9.蓮蓉半杯(用蓮心去心煮酥,候用。——以上甜鹼粽的材料。)

做法:

(二)桃花粽

1.把血糯用飯籮淘淨,揀去小石子,帶水放于木盤中,將粽箬做成殼子疊作三角式或銳角形,空其上面中實以米以葉稍折轉包平,即用蔴線紮好,勿使糯米漏出,再結成兩只一對。

2.次把清水下鍋將粽緩緩放勻即關鍋蓋架樹柴用急火燒數透,然後改用文火燜煮,以多燜為佳。待水燒至半乾再加水添足使粽內糯米熟膩,即可食了。

(二)鹼水粽

1.用白糯米,手續仝上。

2.把水加好鍋中,將裹就的粽子放下。另以豆殼灰入布袋紮線封口同置湯中,燒火如前,以燜爛為度。

(三)甜鹹粽

1.把蘆葉攤平,中實白糯米一層,中層的半面嵌以醬油浸火腿為餡,又半面以棗泥蓮蓉為餡,上層再放糯米,然後把蘆葉紮成長方形一包。

2.仝桃花粽第二項手續,請參看。

喫法:

1.喫桃花粽的時候,剝去箬葉,將濕線斷成片塊,盛于盆中,多下白糖蘸食。或佔以玫瑰醬尤美。

2.鹼水粽即灰湯粽,脫箬後須用熱糖油澆食。

3.喫甜鹹粽甜鹹適口,異乎尋常,亦可酌加白糖少許。

第九節　薄荷湯

薄荷一物，唐侯甯極藥譜作「冰侯尉，」性涼，爲盛夏的衛生飲料，能解燥熱，有清暑之功。惟擇水宜慎，不可不防。特把清顧中村養小錄中論水和取水藏水法兩篇，介紹于次。論水云：「人非飲食不生，自當以水穀爲主。穀與蔬，但佐之，可少可更，惟水穀不可不清潔。天一生水，人之先天，只是一點水。凡父母資稟清明，嗜欲恬淡者，生子必聰明壽考，此先天之故也。周禮云『飲以養陽，食以養陰。』水屬陰，故滋陽；穀屬陽，故滋陰。以後天滋先天，可不務清潔乎。故凡汚水、濁水、池塘、死水、雷霆霹靂時所下雨水、冰、雪水，（雪水亦有用處；但要相制耳。）俱能傷人，切不可飲。」取水藏水法云「不必江湖也，但就長流通港內，于半夜後舟楫未行時，泛舟至中流，多帶罐瓷，取水歸，多備大缸貯下，以青竹棍左旋攪百餘，急旋成窩，急住手，箬蓬蓋蓋好，勿觸動。先時留一空缸，三日後，用木杓于缸中心輕輕舀水入空缸內，原缸內水取至七八分卽止。其周圍白滓及底下泥滓，連水洗去淨。將別缸水，如前法舀過，又用竹棍攪，蓋好，三日後，又舀過去泥滓，如此三遍。預備潔淨灶鍋，（專用煮水，用舊者妙。）入水煮滾透，舀取入罐，每罐先入上白糖霜三錢于內，入水蓋好，一二月後取供煎茶，與泉水莫辨，愈宿愈好。」若嫌手續煩複，或採用沙濾法亦佳。今把薄荷湯的做法，詳細說明于下。

選料

1. 薄荷梗一紮（中藥店有售。）
2. 蓮子二兩（乾蓮子以湘蓮爲上。若用新鮮蓮子亦好。）
3. 冰糖六兩（文冰爲佳。——以上薄荷蓮子羹的材料。）
4. 石花菜一紮（或用洋菜。洋菜一名寒瓊脂，日本人稱寒天。——這是涼粉凍的材料。）
5. 西米一升。
6. 檸檬一杯（或用橘汁。）

心一堂　飲食文化經典文庫

7.糯米半斤。

8.白糯米一升(淘淨候用)

9.菉豆半斤(用水浸洗。)

10黃實二兩(用水浸透。)

11蜜櫻桃十顆(蜜餞店有售。)

12蜜青梅五只(切絲。)

13白糖半斤。(——以上糯米菉豆湯的材料。)

14糯豆一升(卽白扁豆。)

15桂花少許(香頭。——以上糯豆酥的材料。)

(一)薄荷蓮子羹

1.把薄荷梗入鍋加清水一鍋,燃火煎成湯汁,候用。

2.再把乾蓮子放盆中,泡進滾水,加蓋燜五分鐘,取出剝皮去心(新鮮蓮子不必泡水,祇須剝衣去心。)用溫水洗淨加以四倍薄荷湯,用文火煨爛。

3.及爛,加下冰糖,至糖融化,蓮子呈玉色,酥而不開花爲佳,乃可盛起。

(二)涼粉凍

1.把石花菜同八杯清水入鍋,燃火煮透,以融化爲度,再舀入鉢中,以井水或冰箱激冷,約十幾分鐘卽凝結成凍。

2.預先將薄荷冰糖入鍋煎沸,撈去其渣,激冷候用。

3.用已凍的洋菜,劃成小塊,如蔴腐一樣,分盛小碗,加薄荷湯供食。

(三)倫教糕

1.把粟米粉和着清水入鍋同煮。

2.煮至成漿糊的狀態時,就配上薄荷或菓汁,(檸檬橘子任便)再加蔗粉,放入冰箱,或在透風處使其凝結固體,卽成質地透明,滋味香甜,廣東人最擅製此品,爲任何人所不及。(按倫教係地名。)

(四)糯米菉豆湯

1.把糯米淘淨,煮成糯米飯,盛起涼冷,候用。

2.再把菉豆蓮心(去皮及心)黃實入鍋燜爛

和以冷薄荷湯。

3. 然後用匙取糯米飯、綠豆、蓮心、黃實、蜜杏、桃、蜜青梅絲各等分，放入碗中上面加以白糖用薄荷湯澆入可食。

（五）綠豆酥

1. 把綠豆先浸一天，淘淨後，入鍋煮熟，連水上磨磨細再用蔴布袋瀝去其殼。

2. 把汁留在鉢內，使他沉澱，撇去面上的水分，即將沉澱的粉汁和以白糖、桂花、薄荷露等。

3. 然後倒入方盤，待其凝結，劃塊而食。

喫法：

1. 喫薄荷蓮子羹用匙超食，酌加桂花米少許。

2. 喫涼粉凍薄荷湯在臨食時冲下，不可先放。

3. 喫倫教糕的時候，切成菱形方塊。——如用玫瑰醬製成的，則名玫瑰倫教糕，須加以紅色水，以圖顏色美觀。

4. 喫糯米綠豆湯須用匙調和，務使白糖融化。

5. 喫綠豆酥上加糖霜、或玫瑰醬拌食，最和飲薄荷湯。

第十節　素麵

上海所有麵館，大都均為葷麵，舍城隍廟，正豐街兩處，他處皆無純粹的素麵館。素麵清新滑爽，比較葷麵的油膩，另有一番口味。而於夏天茹素的人最為歡迎。今素菜館尤擅煮素麵，食者稱快。攷昔時上海無素菜館，故食素齋時，必于寺院中就食，以西城一粟庵為最，今廢。閘北寶山路淨土庵，自遭一二八之刼，已遷北河南路圖南里重新修建，近就怙嶺路崇法寺舊址，設一分院，素菜亦有名。今則自漢口路創設禪悅齋後，茹素者爭趨之，因此菜馨樓，覺林功德林等相繼設立，其中以功德林能推陳出新，當推巨擘。著名的素菜，經驗所及，略舉于次：有銀絲捲、青豆泥、素板魚、素雞、素鵝、五香油麵筋、拌飯杜、炒榆肉、炒冬菰、炒素臘、炒鱔絲、杏仁豆腐、口蘑豆腐、奶油白汁菜心、素魚翅、細十景、橄欖菜、冬笋、蔴菇湯等十八種。今且把素麵的做法，詳細說明于下。

選料：

1. 生麵一斤（製法詳上節湯麵篇。）
2. 素油三兩（不論醬油、豆油花生油。）
3. 茭白一個（一名菰筍，又名菰菜，俗稱茭白。）
4. 香菌十只（泡浸去脚。）
5. 扁尖四條（浸軟，撕絲。）
6. 莧菜二兩（揀淨泥污。）
7. 食鹽三錢（不可多加。——以上炒素麵的材料。）
8. 鹽雪裏蕻二兩（切屑。）
9. 茅豆子半杯（即剝去穀的茅豆子，色綠，非常美觀。）
10 味精少許。（以少用為是。——以上爛糊麵的材料。）

做法：

（一）炒素麵

1. 把麵趁沸湯下鍋，透起浮上水面，即用冷水過清，攤開吹爽了。
2. 次把油鍋煎熱，將麵倒下炒黃，下以茭白絲、扁尖絲。香菌及莧菜段等，再下些食鹽，稍加放好的香菌扁尖湯（須頂脚，）再炒十幾下，即行起鍋。

（二）爛糊麵

1. 把油鍋燒熱，加下鹹雪裏蕻屑、茅豆子、炒透，即可下麵，和以清水，關鍋櫃煮沸。
2. 煮二三透，洒些食鹽，味和，即可鏟食。

喫法：

1. 喫炒素麵，須酌加蔴油少許。
2. 喫爛糊麵加些味精和食。

第二章　葷盆

第一節　鹹蛋

鹹蛋大都用大鴨所產的卵子製成，以高郵鹹蛋為最有名，因為牠的蛋黃鮮紅，並且中間含有一種透明的油液，吃牠很是腴美。鹹蛋古稱杬子，見異物志。按杬音元，即鹽鴨蛋，以其用杬木皮汁和食鹽浸漬而成，故名。杬木今吳中處處有此，乃如蒼耳、益母莖幹，不純是木本。有喜爭鬥的小人，取其葉挼擦皮膚，每作紅腫，如被傷，以誣其敵。這也許是原始時代遺下來的風俗。因爲這種杬木皮汁有浸蝕性，能殺菌，所以藏起鴨蛋來，常用以染塗在蛋殼的外面，可便歷久不壞。這是隔絕妙的絕空氣的方法，可稱是極合於科學化的。至於鹽鴨蛋的時間，須在清明前鹽好，否則蛋的一端，要發生空頭。吳中習俗說立夏日吃此蛋後，可免疰夏之患，亦以爲蛋是圓的象徵，吃了可以在夏天一滾而過，不再使司夏之神爲難，似屬心理作用。徽俗當立夏日，恆採一種草，土名螞蟻花，用以煑蛋，據說食了亦可免去疰夏。此處有的地方，採取蒲公英草碎爲末，或熬其汁，和以麥芽粉，另以豬油、荳蓉、白糖爲餡，製爲餅餌，名曰塌餅，謂食之可免夏日不思食之疾。又有將豆腐乾上塗以大黃汁，名曰大黃豆腐乾，其功用與塌餅相同。蓋先民時于一種疾病之將臨，雖不知採取有效的預防方法，如種牛痘、防疫針等類，但其熱烈的情緒，則固可于此種地方發見的。今把鹹蛋的做法，詳細說明于下。

選料：

1. 鴨蛋三十枚（新鮮的。）
2. 食鹽三兩（粗鹽。）
3. 燒酒半杯（即火酒。）
4. 紅茶半杯（煑汁。）
5. 杬木皮汁半杯（色赭黃。——以上鹽溏黃蛋的材料。）
6. 鹹蛋二枚（以暴鹽爲妙，或用鮮鴨蛋亦可。）
7. 葱屑少許（切細。）
8. 火腿屑少許（要煑熟的。）
9. 豬油二兩（或牛油。——以上烘鹹蛋的材料。）

做法：

（一）鹽溏黃蛋

1. 把食鹽、燒酒、紅茶、杬木皮汁等物，一同放入擂盆內，用棒鎚研細，候用。
2. 再把鴨蛋用水洗淨，徧塗杬木皮汁，豎放罎內，以罈裝緊，擠以爛泥，月餘可用。

（二）烘鹹蛋

1. 把鹹蛋打入兩寸厚兩寸寬的中號碗內，將葱屑火腿屑等配料，全體加進去。

2. 炒菜要看火色，烘蛋尤其要緊。臨炒之前，須將爐中燃料加勁燃燒，待正劇烈時，纔擺下豬油於鍋中。

3. 油入鍋後，五分鐘左右，纔把調和之蛋倒下。隨將碗覆上。又約一分鐘，卽須將鍋提起，加黑煤于爐內，僅留一小孔，然後將鍋置上，再二周轉。十五分鐘後，把碗揭開，蛋與碗底齊平卽佳。

喫法：

1. 鹹蛋須煮熟後，連殼切成大橘瓤狀，鋪于盆中，而食。

2. 喫烘蛋須裝於盆中，用刀劃作小方塊，味香逼鼻。

第二節　螺

凡軟體動物的硬殼有旋線，其體可以宛轉藏伏的，統稱爲螺。螺有多種，產于淡水的叫做螺螄，產于田間的叫做田螺，其他如海螄、响螺、黃泥螺，均產于海中。喫螺螄最好在清明節及幾天，越諺說「清明螺，抵隻鵝；」那是說在清明時節的螺螄，肥美得同鵝一樣，若過立夏，便孕着硬若米粒的卵子了。田螺較螺螄爲大，肉厚，殼爲卵形，一端尖，有壓亦大，色暗綠，與蝸牛爲近類，其殼及匍行之狀亦相似，惟胎生，又棲息水中，以鰓呼吸，與蝸牛異。海螄與螺螄同類異種，殼較細長，深螺旋紋，味頗美；另有一種產于淡水中，螺旋較細，吾人大都不喫牠。海螄大概產生在沿海灘岸邊的汙泥中，俯首拾得，瞬眼成堆，可說是不值錢的東西，所以沿海的居民，在潮退的當兒，攜筐挈籃，前去找拾，物體雖微，可是滋生繁殖，盈筐累籃，是極易事。上海全部所供應的海螄，來源就在浦東沿南匯川沙白龍港一帶的地方，海岸邊的漁民，因爲體殼容小之故，泥土不易入內，所以一經洗滌殼外的泥土，就可烹製了，可不似螺螄，田螺等洗滌殼外的汙泥之外，還須加以清水菜油漂養呢。近人有詩云：「桃花零亂如紅雨，小巷聲聲賣海螄；」因爲春光欲老，桃花零落的當兒，通衢小巷間，便發生賣白糖海螄的市聲；市聲所至，璇閨停針，芸窗輟讀，一般年少兒女，都要喜觀購買這種「送殘春迎新夏」的應時嘗品——白糖海螄呀，响螺上部延長，形略似梭，故又稱梭尾螺，色黃白，有淡紫班紋，肉味亦美，爲福建菜館的著名食品，大約於螺頭穿孔吹氣，發聲甚響，而遠，俗謂海啰囉，吾國古時軍隊用以示進退，今釋道齋醮都用牠，亦名法螺。黃泥螺，一名吐鐵，與吾鄉俗名雙髻螺螄相似，殼薄，吐舌含沙，沙里如鐵，至桃花時味乃美，醃食見屠本峻海味索隱。今把螺螄、田螺、海螄、响螺、黃泥螺的做法，詳細說明于下。

選料

1. 鮮活螺螄一大碗，（先放在水盆中養淸。若酌加菜油數滴，比較容易去殼內汚物。）
2. 食鹽少許（一撮。）
3. 黃酒二兩（解腥氣。）
4. 醬油二兩（用好的。）
5. 甜醬一匙（或用豆鼓醬。）
6. 薑片一片（切薄片。）
7. 葱屑少許（切細）
8. 菜油一兩（不用其他素油。——以上螺螄炖醬的材料。）
9. 田螺一斤（鮮活的。）
10 香糟半斤（卽吊燒酒開的糟，普通糟不香不可用。——以上糟田螺的材料。）
11 海螄一大碗（除去死而發臭味的。）
12 白糖一杯（用純白糖。）
13 對丁少許（卽是紅綠絲。）
14 响螺六只（洗淨，取肉）
15 香菰四只（放透。）
16 蔴油少許（香料。）
17 蠔油少許（香味。——以上拌响螺的材料。）
18 黃泥螺一大碗（新鮮的。——這是醃黃泥螺的材料。）

19 鹽菜滷一鉢（用鹽雪裏蕻的水。）

做法：

（一）螺螄炖醬

1. 把螺螄剪去尾部洗淸後，漏去水汁，放入大號碗裏。

2. 把食鹽、黃酒、醬油、甜醬、薑片、葱屑、菜油等配料，依次加進碗中，稍加淸水爲經濟汁，可以附在飯鍋上蒸炖，飯熟亦熟。俗諺云：「七樣八樣，不及螺螄炖醬」，如用炒法，切不可多炒，因爲炒時過久，螺肉容易發老了。

（二）糟田螺

1. 把田螺養淸泥汚，敲去尾部少許，同水倒入鍋中，煑透後，用食鹽、黃酒等淸煑成熟。

2. 撈起，置于鉢的四周，中放香糟，用器蓋住，半小時可食。

（三）白糖海螄

1. 把生活活的海螄剪除尖尾，隨後入鍋，和水煑燒，一經沸透，即可取出。

2. 將配就的醬油黃酒，滲雜其上，使牠均勻以後，用蓋悶住，好使鹹味透入肉中，等到喫的時候，上面加些白糖對丁以增美麗。

（四）拌响螺

1. 把响螺剝去殼，取肉切成片，同香菰入鍋加淸水，煑至恰熟。

2. 取起，裝于盆中，用醬蔴油、蠔油等拌和，可食。

（五）鹽黃泥螺

1. 把吐鉄加鹽菜滷黃酒醃好，藏于器中。

2. 隔了半月，即可供食。

喫法：1. 喫螺螄、田螺、海螄的時候，酌加蔴油少許。

2. 喫拌响螺須加些胡椒末。

3. 喫黃泥螺用好醬油拌和。

第三節 蠶豆

立夏節食物，各地不同；惟新蠶豆處處都有。杭州人曾把節物十二品綴成一詩云：「靑梅夏餅與櫻桃，臘肉江魚烏飯糕（用烏樹葉與糯米合蒸即成黑飯）莧菜海蝲鹽鴨蛋燒鵝蠶豆酒娘糟。」沈朝初憶江南詞，對于新蠶豆頗具贊美詞云：「蘇州好豆筴換新蠶花底摘來和笋嫩，僧房煮後伴茶鮮，團坐牡丹前。」以上一詩一詞，可以代表江浙兩省立夏節都食新蠶豆的風俗習慣。新蠶豆以初穗時爲最佳，摘來剝殼，小如薏苡仁，煮食可忘肉味。妙在皮薄如繒而糯，肉細如粉而膩，惜三五日後，即易長足，皮堅肉硬，便覺減味了。另有神仙豆的名目，此種食法，流行于浙江蘭谿一帶，法將田野間蠶豆連枝拔下，在地坪鋪青草一層，將蠶豆枝放上，上蓋稻草，燃火炙熟，食之別有風味，以其方法簡便，故稱神仙豆云。今把蠶豆的做法，詳細說明于下。

選料：

1. 新蠶豆一斤（脫殼。）
2. 竹笋一只（切丁，多少隨意。）
3. 素油一兩（豆油菜油均可。）
4. 食鹽五錢（以少爲上。）
5. 醬油半兩（不用亦可。）
6. 青葱一枝（切成細屑。——以上炒蠶豆仁的材料。）
7. 榨菜一塊（切屑。）
8. 乾菜少許（切碎。——以上蒸餛囊笋的材料。）
9. 鷄絲少許（熟的。）
10. 火泡絲少許（熟的。）
11. 眞粉少許（調漿。——以上蛤蠶豆泥的材料。）

做法：

（一）炒蠶豆仁

1. 把新蠶豆剝去其殼，或用中指夾住豆筴，兩端擱在食指和無名指上，擠出豆仁，握住掌中，盛受碗內。一面將竹笋解籜，削去老頭，切爲小丁。
2. 把油鍋燒熱，先投以食鹽，連手倒下豆仁，炒十數下，即加進笋丁，再炒數下，
3. 加醬油、清水，闢蓋燒二三分鐘，撒些葱屑，燉透即可。

（二）蒸錦囊筍

1. 把肥大的鮮竹筍一只，自他的根部，用尖刀挖去其中的筍節留肉約一分厚。

2. 次把鮮蠶豆去皮，將肉切成細丁，和以榨菜，乾菜屑（葷的用火腿丁）塞入挖空的竹筍內，再以連節的竹筍一片，用牙籤封沒竹筍根端之孔，放上鍋架蒸煮約一小時取出，切成段，即可裝于盆中。

（三）燴蠶豆泥

1. 把蠶豆（不論新陳均可）先行加清水煮爛，放入沙鉢內擂到極和成泥。

2. 然後用鷄絲，火腿絲，鮮湯煮透，加下豆泥，燴到將好，下以眞粉攪勻即成。

喫法：

1. 喫炒蠶仁，葷的可以酌加火腿丁、鷄肉丁、豬肉丁、香菰丁等同煮。

2. 喫錦囊筍，用醬蔴油蘸牠。

3. 喫蠶豆泥在裝盆的時候，盆面可加熟筍片或熟香菰等物。

第四節 黃瓜

黃瓜是胡瓜的俗名，相傳此瓜在漢代以前是沒有的，自從張騫出使西域，纔得和芝蔴（即胡蔴）、葡萄、胡蘿蔔等同時傳入吾國，所以此類瓜果關係國運的盛衰很大，含有國際問題在裏面，大有歷史的價值。黃瓜屬于蔬類植物，有卷鬚，葉作掌狀淺裂，粗糙有毛，夏開黃色合瓣花，雌雄同株，實長數寸，色黃綠有刺很多。惟牠的瓜蒂很是苦澀，食之難堪，所以人家吃了虧，有「吃了黃瓜蒂杜」一句俗語作爲比喻的。其肉味甘，但不可多食，元忽思慧（亦作和斯輝）飲膳正要三卷四五頁云：「黃瓜味甘，平，寒，有毒，動氣發病，令人虛熱。」俗傳和生花忌食；能傷生，但予少時曾受鄰里施某之愚，未嘗不幸，大約受毒質少的緣故？今把黃瓜的做法詳細說明于下。

選料：

1. 黃瓜二條（棟青而嫩的。）

2.秋油一缽（卽醬油醬油在秋天成熟的叫秋油在夏天成熟的叫伏油。——以上飄黃瓜的材料。）

3.食鹽一撮（不可太多。）

4.白糖半兩（多少隨意。）

5.菜油二兩（或用花生油、橄欖油。——以上拌黃瓜片的材料。）

6.豬肉半斤（用腿花肉。）

7.葷油四兩（若然沒有素油亦可。）

8.黃酒三兩（用陳的。）

9.白糖一匙（和味用。——以上黃瓜嵌肉的材料。）

做法：

（一）飄黃瓜

1.把新鮮黃瓜用刀切為骨牌塊，去蒂去子，風前晾乾。

2.然後入秋油浸漬，今天製明天可食。

（二）拌黃瓜片

1.把黃瓜切成二爿，挖去他的子，再切薄片，用食鹽拌入缸內擦去其汁用水過清，放于碗中，上面加以白糖。（葷的加海蜇皮絲。）

2.把油入鍋燒熱，澆入瓜片碗內用筷拌和，可食。

（三）黃瓜嵌肉

1.把黃瓜刨去其皮，挖去其子，用刀切成寸段。

2.次把豬肉切成小方塊，再切成肉糜，拌以食鹽、醬油、黃酒及葱薑屑等少許，然後分塞進每段黃瓜中，置放盆中。

3.然後燒熱油鍋，以盆中塞好的黃瓜段，放下爆煎，至肉稍透，下以黃酒，再下醬油（三兩及）水，蓋櫃燒二三透，和下白糖卽佳。

喫法：

1.喫飄黃瓜的味道鮮脆適口，在肥濃之後，糜粥之前，可稱雋品。

2.喫拌瓜片須加蔴油二錢。

3.黃瓜嵌肉用清蒸法亦佳，喫以乘熱為宜。

第五節 茭白

茭白一名蔣，又名菰菜，俗稱茭白，蔬類植物，生于陂澤，高五六尺，葉如蒲葦，夏秋兩季中心生白薹，狀如藕而軟，即茭白，亦即菰米的莖部。秋間開花成長穗，結實如米，謂之菰米，亦曰雕胡米，可煮粥。吾鄉童謠云：「捨個小菜?茭白炒蝦，田鷄打殺老烏，老烏告狀，告着和尚，和尚唸經，唸着觀音，觀音賣布，賣着姐夫，姐夫掃地，掃着烏龜，烏龜拆屁，拆得一天一地！」茭白炒蝦一菜，得流傳于民間，皆因牠的味道鮮靈，確是夏天唯一的菜肴。記得二十年前，敝本家有一位小姐——名翠——比我年紀大上一歲，而輩分却是要長一輩，我常以翠叔喚她，她則報我一聲康弟，竹馬青梅，曾幾何時，據說為戀愛不自由，被吃人的禮教而服毒自殺了。等到香消玉殞以後，弄得一個鄉村裏，敍說紛紜，形成了一幕傳統社會下的悲劇。後來她的家人迷信神物，請了一個巫女（俗稱關亡的）來問問她死後的狀況，據巫女說她要吃茭白炒蝦，和黃瓜嵌肉二色；因為她自盡的時候正是在一個夏天，所以要想到茭白、黃瓜了。但是她情願殉情而死，却忘不掉茭白炒蝦……，眞是奇聞，豈不可笑！我今年三十五歲了，回想童年往事，捉迷藏扮新娘，最足促成黃金時代的迷戀。現在寫到本節，不由地而連想及她，她的大而烏黑的眼珠，正如丁玲所說的「那雙大而圓靈活而清澈靜靜的望過來的眸子」一樣的美麗，我因為佩服她那勇敢的精神，能打破封建思想的劣根性，做了一個現代女子典型的先驅者，雖不免終于犧牲，但這種「不自由，毋寧死」的精神，是極有價值的，我不紀念她，有誰能紀念她呢？今把茭白的各種做法，詳細說明于下。

選料：

1. 茭白四個（有黑點的莫用。）
2. 白糖三錢（少放亦可。）
3. 醬油三兩（要好。——以上拌茭白的材料。）
4. 鮮豬肉一斤（瘦的。）
5. 黃酒二兩（陳的）
6. 食鹽少許（一撮。——以上白切肉菰菜的材

料。）

7、大蝦四兩（水晶蝦。）

8。葱枝少許（切細）——以上茭白炒大蝦的材料。）

做法：

（一）拌茭白

1。把茭白剝殼，加清水煮熟。

2。次用刀横敲一下，使他內部鬆碎，再行切成纏刀塊。

3。然後裝于盆中，加白糖、醬油拌就。

（二）白切肉菰菜

1。把鮮豬肉加水放入鍋中，先燒一透，然後倒下黃酒再燒一透，又下以食鹽，至熟取起，切片候用。

2。次把茭白燒熟，切成寸段，攤入盆底，上面蓋以肉片，如造橋式，再兩面披平，即可上席。

（三）茭白炒大蝦

1。把茭白切片，（或切絲。）再把大蝦剪去芒脚，候用。

2。次把油鍋燒熱，將茭白大蝦倒下炒爆，少時加放黃酒，再放醬油、食鹽、（或葱屑。）再燒一透，下糖和味，即成。

喫法：

1。喫拌茭白的時候，加蔴油。

2。喫白切肉菰菜的時候，要用蝦子醬油。

3。喫茭白炒大蝦的時候，加些胡椒末。

第六節　烤子魚

烤子魚，湖州人稱爲逆魚，以苕溪所產爲著名。每逢細雨飛梅，輕陰醉竹的時候，溪水暴漲，正逆魚旺產時期，成羣結隊，逆游而至，浮動水面，狀類嬉狎。漁人舉網獲得，其色潔白，形似鰲鰷，惟觜闊腹肥，魚身較短吧了。取他入鍋，以豬油加冰糖少許煎食，味頗鮮美，非特爲膳餐佳饌，抑且爲佐酒雋品。而其子尤腴美鱻嫩絕倫。就中以湖州青銅門外清塘橋畔煎食者爲最佳，蓋目睹銀鱗出網，頃刻間已登盤下箸，鮮美較他處更勝一籌。相傳昔時蘇東坡爲吳興

心一堂　飲食文化經典文庫

太守時，公餘閒暇，嘗率其僚屬親蒞于此，以飫口福，迄今佈為美談。故當此黃梅時節，苕溪水漲，正逆魚上市時，是以橋畔數家酒菜館中，高朋滿座，莫不利市三倍。一般外省人士，借游湖為名，趨之若騖，以一快朵頤為榮。今把烤子魚的做法詳細說明于下。

•選料•

1. 烤子魚一斤（將魚頭部摘去腹內汚物，但不可連子拋去。）
2. 醬油四兩（要好的。）
3. 黃酒六兩（解腥。）
4. 菜油一斤（煎魚用。）
5. 冰糖少許（或白糖）
6. 甘草茴香末少許（將甘草茴香炒熟研末。）

—以上汆烤子魚的材料。

7. 食鹽四兩（不必太鹹。）
8. 蝦油二匙（粵人稱味孅，天津人呼為蝦油，亦名鹹汁。若福建廈門，廣東福縣，潮州等處，每餐必備。法以新鮮魚蝦、和食鹽泉水，煮爛候冷，濾去渣滓，裝入甕內，露天受太陽光，約半年，成熟。）
9. 白糖少許（調味。）——以上炖烤子魚的材料。

•做法•

（一）汆烤子魚

1. 把烤子魚洗淨，浸在醬油、黃酒（或加糖、醋）中，約二三小時。
2. 然後把油鍋燒熱，略下冰糖，將魚從醬油中取起，投入煎汆，待黃透即熟。外撒甘草茴香末少許，香而且鮮。

（二）炖烤子魚

1. 把烤子魚用食鹽醃一夜，然後取起晒乾，貯藏應用。
2. 炖時先浸以水，然後同蝦油，黃酒白糖上鍋清蒸，（或放豬油小塊）飯熟亦熟。

•喫法•

1. 喫汆烤子魚，酌蘸醬蒜油少許。

2.喫炖烤子魚將頭棄去。

第七節　鰣魚

鰣魚似魴，肥美江以東四月間始有之，爾雅謂之「當魱。」鰣魚作時，過時則沓。鰣本海魚，而孕子滿腹時，必由海入江，擇淡水中分布魚子，其行絕速，橫貫長江全部而止。迨孵子已竣，復歸于海，則老瘦而變爲鯗，清腴之味全失，故有「來鰣去鯗」之說。范連詩云：「近海人家業買鮮，趁潮慣使網魚船；河豚過後無珍味，直待鰣魚始值錢。」可見鰣魚的可貴了。昔時蘇東坡至東吳，不識鰣魚，懷恨一生，而骨鯁稱奇，味在層鱗，皮相者固不易窺得。據漁人云，鰣魚起水時，鱗白如銀，不肯跳躍，一若唯恐傷其身者，蓋欲自保其鱗的意思。鰣魚味道很鮮美，可是須要帶鱗而烹，因爲鰣魚的油是在鱗兒上的，要是去鱗而烹，那便是外行的法呢。相傳杭州有一家姓梅的，最喜歡喫鰣魚。一天剛輪着從富陽新娶來的第三個小媳婦燒飯，那小媳婦便提了魚到廚房裏井邊去洗。梅家的大媳婦對二媳婦說：「嚇！沒有喫過鰣魚的鄉下人，竟敢自大，提了魚便去洗，看伊烹來像不像樣？」說罷，二人便同去看伊洗。她們倆跑到廚房內井邊，只見小媳婦把魚鱗兒一刀一刀的刮下來，於是大媳婦和二媳婦不約而同的暗笑伊沒見識，不識貨，竟把這頂好的東西棄掉。那小媳婦洗好了魚，把刮下來的鱗兒洗洗乾淨，用一根線一張一張穿成一串的大媳婦和二媳婦看了很奇怪的想道：「咦！難道伊還要把鱗兒穿起來晒乾嗎？」便即去報告婆婆，婆婆聽了很不開心，但是一聲也不響。少停。煮飯了，小媳婦把鍋蓋翻轉來看看裏面頂中央有沒有釘釘着，一看沒有，立刻削了一只竹釘釘上，把這串魚鱗兒掛在竹釘上。掛好了，把魚放在盤內，配上料兒，拿這盤魚對準鍋裏面這串鱗兒，擺在飯鍋的蒸架上蒸起來。大媳婦和二媳婦看到這裏，不覺驚歎而覺悟適才自己借笑伊了。已而魚熟了，這串鱗兒上的油，一滴一滴都滴在魚盤裏。這魚的滋味非但仍然鮮美，而且喫時可免咀去鱗兒的麻煩，于是大家都稱讚小媳婦的烹法不錯。原來富陽

心一堂　飲食文化經典文庫

是出產鯽魚的地方，而梅家小媳婦的母家是老喫鯽魚的，並且烹法是很考究的呀！今把鯽魚的做法，詳細說明于下。

選料：

1. 鯽魚一條（用新鮮的。）
2. 食鹽半兩（或精鹽。）
3. 黃酒二兩（解腥氣。）
4. 蜜糖半兩（卽蜂蜜。）
5. 酒釀半杯（用糯米甜酒釀。）
6. 生薑少許——（切片。）
7. 豬油一小方（切成小骰子塊——以上蒸鯽魚的材料。）
8. 葷油二兩（煎鯽魚用。）
9. 醬油二兩（紅燒用。）
10 白糖半兩（和味用。——以上燒鯽魚的材料。
11 鰲魚一條（鹹的。）
12 麵粉二兩（調成麵漿。）
13 葱一枝（切細候用。——以上麵拖鰲的材料。）

做法：

（一）蒸鯽魚

1. 把鯽魚破肚去腸，切不可去鱗，用布拭去血水放入盆中。
2. 加食鹽、黃酒、蜜糖、酒釀、及薑片、豬油小塊，幷加鷄湯上鍋白炖。
3. 蒸熟，把蓋碗取去，卽可上席。

（二）燒鯽魚

1. 仝上。
2. 把油鍋燒熱，將鯽魚及薑片投入煎爆。
3. 煎透，加下黃酒關蓋片時，再下食鹽、（少許）醬油、豬油塊、鷄湯等料。
4. 煮數透，和以白糖再煮一透，卽可起鍋。

（三）麵拖鰲

1. 把鰲魚浸于淸水中，過了一夜，用筷刮去鱗鰓，洗淨取起晒乾。

2. 把鰲魚投入熱油鍋中，煎黃。然後把麵粉、葱屑、用清水調成乾薄適宜的麵漿加入。

3. 少時，下以黃酒醬油及鷄湯燒三透，和以白糖，即可供食。

喫法：

1. 喫蒸鯿魚宜乘熱而食。
2. 喫燒鯿魚仝上。
3. 喫麵拖鰲以後，所賸魚骨，預備大蒜頭一枚，製成鰲鶴煞是好玩。

第八節　糟鷄

我們常熟城內陶家巷口，有一家瞿店，開設已歷數十年，以糟鷄著于時，其肉爛而香，極夠味。該店每天僅製四五頭，以售罄爲度，故一屆午餐，前往購買的人足踵相接，人家以其爲姓瞿的所發明，即以瞿鷄爲命名，可以和市前街馬詠齋的馬肉分庭抗禮，各擅所長，很爲吃客所稱道的。主人年已不惑，在弱冠時曾染阿芙蓉癖，據說有一位朋友要想探聽他的製糟鷄方法，情願以五百金作爲傳授費，瞿不允，反和他絕交了。瞿的保守家傳秘法，不肯一旦道破，雖然在墜落的時期，猶能不爲利誘，但是他不殉友情，不肯將祕法流傳出來，實屬不智，我是根本不贊成這種自私自利的思想的。今把糟鷄的做法，詳細說明于下。

選料：

1. 嫩壯鷄一只（約一斤重。）
2. 香糟三斤（不是酒釀糟，是燒酒糟，用食鹽半斤拌和。）
3. 黃酒四兩（要陳的。）
4. 食鹽少許（不可太多。）
5. 香菜少許（即芫荽，可以爽口。——以上糟白斬鷄的材料。）
6. 大鴨一只（揀肥壯的。——這是糟白燜鴨的材料。）
7. 鯤魚一尾（最好用青魚。）
8. 細粉半斤（用菉豆粉做成的。——以上袞糟魚的材料。）

9.豬肉一斤（用蹄胖爪尖。）
10.火腿一小塊（切屑。）
11.冰糖半兩（或冰屑）——以上煮糟肉的材料。

做法：

（一）糟白斬鷄

1.把鷄殺死，去毛破肚洗淨，用刀切四塊，包入絹袋裏，浸于香糟缽中。

2.約半天工夫，取出加清水入鍋煮透，下以黃酒。稍加食鹽，不可太鹹。

3.煮熟撈起，切作長條塊，平鋪盆底，上加香菜，即可上席。

（二）糟白燜鴨

1.把鴨同樣殺死洗淨，切成小塊，入鍋和水燒透，稍下黃酒、食鹽，以燜爛為度。

2.把鴨撈起置于缽中，用糟拌黃酒、食鹽，包入絹袋，亦浸缽內，再緊閉蓋好，一小時可食。

（三）糟魚

1.把魚去鱗腸，即可用鹽醃于缸中，約數小時，取出洗淨，切成方塊。

2.把切成方塊的魚，放入絹布袋內，投香糟中，又隔數小時。

3.取出和水入鍋，先燒一透，下以黃酒，再微下食鹽，然後將細粉和下，少時即熟。

（四）糟肉

1.把豬肉放入絹布袋內，投入香糟中，隔數小時。

2.取出入鍋和水燒透，下酒再透，下鹽，三透加火肉屑，四透下冰糖，再煮數透即爛。

喫法：

1.喫糟白斬鷄加蔴油。
2.喫糟白燜鴨加糟油。
3.喫糟魚碗面加大蒜葉。
4.喫糟肉宜乘熱為佳。

第九節　洋菜

洋菜一名寒瓊脂，——日本人名寒天，因與燕窩形似，庖人常以為作贋鼎用的。按洋菜係石花菜（即凝海菜）所製成，法以石花菜暴露使白，和水入鍋，煎成濃漿去其雜質，將他倒入長方木匣內堆齊的稻草中，約晒一天工夫，卽可撕開，應用了。又法把石花菜加水頻頻搗碎，收他的濃液晒白，候嚴冬時，煮沸濾過入器中凝結，取出切作適宜大小，更攤蘆上露乾而成洋菜。洋菜的喫法，以拌食爲宜。因爲洋菜不能經高熱度，所以宜用溫水發放，切不可用沸水，恐防融化。醬油須于食時加入，早下就爲發酸，並且他的色澤也要沾黑無餘了。今把洋菜的做法，詳細說明於下。

選料：

1. 洋菜一兩（放胖。）
2. 茅豆子半杯（煮熟。按早茅豆約在夏間成熟，晚的須要到秋天可食。）
3. 白糖二錢（用潔白的。）
4. 白醬油半兩（取伏油。）
5. 蔴油少許（香料。）
6. 花生醬一杯（或用芝蔴醬。用時，先加冷濃茶用筷搗和，卽發漲性了。——以上拌洋菜的材料。）
7. 童子鷄一隻（約一斤。洋菜約四兩。）
8. 食鹽二兩（用細白的。）
9. 黃酒二兩（解腥用。）
10、醬油四兩（用秋油。）
11、葱薑香料各少許（葱切屑。薑切片。——以上洋菜拌鷄絲的材料。）

做法：

（一）拌洋菜

1. 把洋菜解紮，浸于溫開水內，約三十分鐘，取起晾乾水氣，用刀切成一寸多長的條子，裝入盆中。
2. 次把茅豆子加入，上放白糖，卽可上席。

（三）洋菜拌鷄絲

1. 把鷄漂洗淨後，肚內以食鹽、醬油、黃酒及葱、薑、香料等納入，再微和以水，裝于小甏裏，泥封塗口，放進柴草堆中燒煨一天，卽熟，食之其香無比。

2.叉告化鷄一名泥塗鷄製法，將鷄殺後，不可去毛，破肚取出腸雜，洗淨，貫以食鹽、醬油、黃酒等，縫口以濕泥塗沒，如大皮蛋狀，再以粗草紙裹好，然後用礱糠堆沒，文火煨約四小時，及熟取起，投破其毛自脫，即可取食。

3.然後將鷄肉撕成長條細絲，拌入已放胖的洋菜中，裝盆供食。

喫法：

1.當喫拌洋菜的時候，才始可把醬油、蔴油、花生醬等拌和，切不可先用。

2.喫洋菜拌鷄絲的時候，和以鷄露同食。或放糟油少許。

第十節　麵筋

麵筋中含有一種麵筋質，西名哥羅登Gluten即蛋白質的一種，穀類中含量極多，不論酒精、酸類之中皆能溶解，此種滋養料，最合養身補益之用。

麵筋製法以無錫所產為最佳，法以小麥新磨出的麩皮，連麵粉一同浸於冷水中，加入食鹽少許，歷一二小時之久，使他發凝，然後搗成細絲相結，用手洗淘，撩去麩殼，即成哥羅登質，俗名生麩麵筋，再煎成小團，入油鍋中烙透，名叫油烙麵筋。又杜園麵筋的製法，亦大同小異，其法以麩皮拌過，放進木盆用脚踏凝，安放一時，麟性便來，然後放入竹籃中，入清水洗淘，麩殼盡去，即成麵筋，養在水內候用。按此物堅韌異常，黏固不脫，童時，常放上竹竿頭，用以捕捉樹上的鳴蟬，百試不爽，堪稱童年樂事。今特麵筋的做法，詳細說明于下。

選料：

1.無錫油烙麵筋一串（約十個。）

2.香菌四只（放透。）

3.扁尖少許（放透，切斷。）

4.菜油一兩（或其他素油。）

5.黃酒少許（香頭。）

6.醬油一兩（要好。）

7.白糖一撮（和味用。）——以上滷麵筋的材料。

）

8.杜園麵筋一團（先養在淸水中。）

9.豬肉半斤（把肥花肉去皮切成小塊，再加鹽、酒、葱、薑等斬成肉糜候用。）

10火腿一小塊（切片。——以上煑麵筋包肉的材料。）

做法：

（二）滷麵筋

1.把無錫麵筋和香菌、扁尖、倒入油鍋炒一下，下以黃酒少許，再加醬油（葷的用蝦油）鮮湯。

2.再燒一二透和以白糖即可裝盆供食。

（二）煑麵筋包肉

1.先把白湯肉汁（或醃爊鮮湯）及火腿、扁尖等物入鍋燒滾。

2.即將養在水內的杜園麵筋，摘成小塊，包以肉糜如糰狀，然後投進鍋中。

3.見鍋內麵筋發透，即行起鍋，不可多煑。

吃法：

1.喫滷麵筋，麵宜蘸以芝蔴醬。

2.麵筋包肉用醬油一碟佐食。

第三章　熱炒

第一節　豆芽

豆芽分兩種，曰黃豆芽，（亦稱如意菜。）曰菉豆芽。孵豆芽的法，把黃豆或菉豆先用水浸胖了！然後盛在蒲包裏，（所以江淮人稱爲蒲芽，）上面蓋以潮濕的手巾，放在庭院裏陰濕的地方，時時用水冲洗一下，這樣豆上便漸漸地漲出嫩白的芽來，在天熱的時候，菉豆芽祇須一夜的功夫就長成了，如果過于延長孵的時間，那便要腐爛了。浙江蘭谿地方有一個姓唐的人家，專利賣此豆芽，以爲生活的；因爲從前的時候，這個地方有二家做豆芽營業，後來不知怎麼一來，二家涉訟公庭了，——大約搶生意吧？縣官爲了紛爭莫決，就下一個命令說：「誰能把火紅的鐵靴穿起來，即得享受豆芽的專利權，官司可以不必打下去了，怪麻煩得很，聽不聽由你們二道自己去決定吧！」這時幸虧姓唐的祖宗勇敢，遂占勝利。諺云：「鐵匠做官，」信然；這又可以代表一個強暴的政治時代裏縣官治民的政債。我還聽見上海人常說的一句通行話叫「孵豆芽，」演繹起來，就是「沒有銅錢只好睏在被頭裏」的意思，這種命名大概是六書中屬于「會意」的一類吧？今把豆炒的做法詳細說明于下。

選料：

1. 黃豆芽半斤（去根鬚。）
2. 人參條十廿條（豆腐店有售。）
3. 素油二兩（豆油或菜油。）
4. 食鹽一撮（放入熱油中。）
5. 醬油二兩（要好的。——以上炒黃豆芽的材料。）
6. 蕻豆芽半斤（揀肥大而直長的。）
7. 火腿一塊（煮熟，）
8. 葷油二兩（若沒有用素油。）
9. 黃酒少許（或放燒酒——以上炒火腿蕻豆芽的材料。）

做法：

（一）炒黃豆芽

1. 把油鍋燒熱，放下食鹽，即將黃豆芽，人參條倒下亂炒。
2. 少時下以醬油，清水，（或加些燒酒）再燒一二透，即可。

（二）炒火腿蕻豆芽

1. 把肥大直長的綠豆芽，頭尾除去，只取中段，逐條都用小銀針由尾部戮成一孔，直穿到頭為止。
2. 次把火腿切成一寸多長的橫段，順着紋理，再切極細極細的絲；或用手順着撕開也好。
3. 然後把火腿絲逐條塞入各豆芽孔中，即用葷油炒透，加下黃酒醬油少許，并下鮮湯即好。

喫法：

1. 喫黃豆芽加蒜油。
2. 喫蕻豆芽加糟油。

心一堂　飲食文化經典文庫

第二節　夏蔬

華亭顧董撰卷施閣夏令食單序云：「……江左洪稚存太史，以名翰林簡放學道，得罪謫西域軍台，賜環後，閉戶著書，名滿四宇。嘗撰夏令食單一卷，行楷精湛，其製法，腥葷而外，即瓜蔬湯餅亦不遺，頗有可觀，較袁隨園食譜尤佳。末云，非夏月所有及肥釀膩滑滯塞難記者，均不列入，甚得逭暑之旨。惜世無傳本，蔡子寒瓊藏其手稿……」這篇序是在國學會裏所藏藝穀雜誌上見到的，可惜原稿未曾拜讀，否則一定可以供給我許多參攷材料了。但不知會友蔡君和談月色女士能實行華亭顧氏序中所稱「異日而冀琱版行世，藉傳先輩風流儒雅」一段故事」之說否？予不禁引領企望牠早日出版問世！

講到夏令的蔬菰，有莧菜、蒜苗、茄子、辣茄、長豆、絲瓜、冬瓜、沿籬豆等類，今把各種的做法，詳細說明于下。

選料：

1. 莧菜半斤（米莧汁若胭脂，嫣紅可愛，亦可用。按米莧即古名人莧，爾雅曰「蕢赤莧」郭璞云：「今人莧赤莖者。」在漢口的瀟湘湖，特產一種紫莧，色味亦同，而脆嫩過之。漢俗于立夏日，家家餚饌，必進斯菜，以應節令，正與端午進蒲觴有同樣的普遍性）
2. 大蒜頭二枚（去殼剁成小瓣。）
3. 菜油一兩（或豆油。）
4. 黃酒少許（不可多放。）
5. 白醬油半兩（若不用，稍加食鹽。）——以上炒莧菜的材料。
6. 蒜苗半斤（大蒜嫩時，即是蒜苗，準備時，用刀切去根鬚，再將梗切寸段。）
7. 茄子一斤（一名落蘇，別稱夜開花，因牠色紫，故亦名崑崙紫瓜。相傳茄本毒草，來自鞀鞬金烏珠入中原，遍值各地，冀以毒人，宋人薑煮而食，皆不死，反得其種。）
8. 花生油二兩（豆油亦佳。）
9. 醬油四匙（要好的。）
10. 白糖一大匙（和味用。）——以上炒茄子的材

料。）

11 青辣椒三兩（揀嫩的。）

12 素油半兩（菜油）

13 豌豆二兩（剝子。）

14 豆腐干三塊（香豆腐干。——以上炒青辣椒的材料。）

15 絲瓜二條（去皮，切塊。）

16 百葉一二張（切絲，浸在鹼水中。）

17 食鹽三錢（不用醬油。——以上炒絲瓜的材料。）

18 冬瓜半斤（市上有另售的。——這是炒冬瓜用的材料。）

19 沿籬豆半斤（撕去細筋。）

20 甜醬一匙（和味用。——以上炒沿籬豆的材料。）

做法：

（一）炒莧菜

1. 把莧菜揀洗潔淨，並把大蒜頭退殼留瓣。

2. 次把油鍋燒熱，即將莧菜大蒜瓣倒下炒開，不多時，放下酒、醬一透起鍋。（炒蒜苗法同。）

（二）炒茄子

1. 把茄子洗淨，用刀切開，剖成小塊，入熱油鍋內略煎。（油鍋內擺些薑屑。）

2. 加下醬油、清水，最後下白糖和味，以炒熟爲度。（或用茄子切成細條，拌以麵粉漿，略放食鹽，匙入油鍋中炸食。）

（三）荷包茄

1. 把茄子對切，鏤去其心，外去其皮，留肉約二分厚，中實乾菜、香菌（最好用麻菇）、扁尖、毛豆子、生薑等細丁，和入食鹽，白糖少許。

2. 配製既畢，乃就茄的切口處，仍合而爲一，外裹鮮荷葉一層，集三四隻，裝成一盤，蒸熟而食，助人食慾。

（四）炒青辣椒

1. 把青辣椒切開，將子挖去，再切成絲，漂在水中。

2. 次把油鍋燒熱，倒下辣椒略炒，再把豌豆、豆腐干絲同下，再炒片時，加食鹽、醬油及清水少許，一二透後，加糖嘗味，起鍋。

（五）炒絲瓜

1.把絲瓜去皮，切爲纏刀塊，並將百葉切絲，茅豆子剝殼。

2.即把油鍋燒熱，倒入絲瓜、茅豆子略炒，撒些食鹽，燒一二透，加下在熱鹼水中掬過的百葉絲，少時即佳，不必多燜。（炒長豆法同。長豆即缸豆，炒時不用和頭。）

（六）炒冬瓜

1.把冬瓜鉋去其皮，再行去子，用刀切爲長方塊。

2.倒入油鍋中炒透，下以醬油、清水，（葷的加蝦米，素的加木耳、香菌。）燒一二透，和下白糖起鍋。

（七）炒沿籬豆

1.把沿籬豆洗淨，倒入熱油鍋中炒透。

2.加下清水、食鹽、甜醬等物，燒二三透，加糖嘗味，即可。

喫法

1.莧菜和鱉魚忌食。

2.蟹和長豇豆不可食。

第三節　豆腐

考吾國發明豆腐的年代，遠在公元前二世紀，恰當吾國漢朝的時候，有一位淮南王劉安，即是豆腐的發明人。製法是把黃豆浸七八小時，（冬天須二十四小時）宜換水二次，即將石磨帶水磨成汁。再用布架爐去渣滓，（即豆渣，飼豬用）取漿入鍋煮沸，至泡沫膨騰，滴以豆油數滴，時時用捧攪拌即可消滅。如是再煮十分鐘，盛于缸中，即成豆乳，俗名豆腐漿。徐加老鹽滷，（或石膏亦可用。每豆乳百斤，用鹽滷一升。）攪勻，漸行凝固，名叫水豆腐。然後舀入石囤的布內，上壓架濾去汁水，約二三十分鐘，即成豆腐了。這種有機化學的製造品，竟在二千年以前已經發見，怎不令現代號稱科學發達的西洋人驚奇贊歎呢！所以在二十年前，李石曾等僑居法蘭西，有豆腐公司的組織，備受彼邦人士的歡迎。經他們研究結果豆腐的滋答可和肉類相當，並且沒有肉類常有的病菌或毒素，又是容易消化。牠的成分，大約爲水八九・九蛋白六・五五脂肪二・九五，纖維素一・〇七灰分〇・六四。通常認爲植物性食物的缺點，是所含纖維素太多，纖維素一多就難消化，豆腐裏纖維素的成分是很少，所以不礙消化的。世俗有句話，叫做「豆腐店裏出西施」意思是豆腐店裏姑娘，一定營養得有很好的水色，雪白粉嫩的皮膚，甚麼來造化她西施一般的美麗呢？要歸功于多吃豆腐，他如豆乳的效力，可以抵上牛乳，這都是現代科學家試驗得來的定論。吃豆腐雖然沒有時令上的限制，又沒產地的範圍，但在夏季要找衞生食品的時期，豆腐的吃法是值得在這裏一談的。今把豆腐的做法，詳細說明于下。

選料：

1. 豆腐四方（用鹽滷豆腐）
2. 素油二兩（菜油。）
3. 甜醬瓜二條（要嫩的。）
4. 甜醬薑二塊（要嫩的。）
5. 醬乳腐露一盅（色紅的。）
6. 白糖少許（調味用。——以上炒豆腐鬆的材料。）
7. 食鹽少許（在煎時放入。）
8. 香菌木耳各六只（放透。）
9. 金針菜、京冬菜各少許（金針菜要用水放過。）
10. 醬油三兩（要好的。）
11. 眞粉少許（調漿。——以上燒豆腐的材料。）

做法：

（一）炒豆腐鬆

1. 把豆腐放鍋中加淸水燒數透，取起擠去汁水，即將油鍋燒熱，倒下炒動。
2. 待炒至鬆透，下以醬瓜醬薑小粒，再炒數下，再放乳腐露，然後用白糖和味，即可。

（二）燒豆腐

1. 把豆腐六塊，每塊切爲四小塊，入鍋焯一透，用清水過清。

2. 次以菜油六兩燒熱，把豆腐炙黃，糝些食鹽，再用香菌、木耳、金針菜、京冬菜、等加入，并放下醬油、香菌湯、香料等同煮三四滾，和以白糖、真粉，起鍋。

喫法・豆腐鬆加蔴油。

第四節　磨腐

磨腐爲夏令應時食品，最合年老人嗜好。其法把菉豆浸水中一宿，取出淘淨，并帶水磨細，用絹袋濾汁，置于鍋中煮熱，用棍攪勻，至無粉塊爲度。這時鍋中粉漿經煮後，漸漸凝結，如太乾燥，可以臨時加水，大約豆一米三。即將浥注大木盤內，俟冷用刀劃作方塊，即可養入清水中待用。今把磨腐的做法，詳細說明于下。

選料・1. 磨腐四方（切小方塊。）

2. 京冬菜少許（切碎。）

3. 素油二兩（葷的用豬油。）

4. 食鹽一撮（約一錢——以上炒磨腐的材料。）

5. 青菜六兩（或用小白菜，卷心菜。）

6. 蝦米八只（用黃酒放胖。）

7. 醬油一兩（要好的。——以上炒磨豆腐的材料。）

8. 香椿頭二枝（鹽的。）

9. 四川榨菜一塊（切細。）

10 薑一塊（切屑）

11 蔴油少許（香頭。——以上拌磨腐的材料。）

做法・（一）炒磨腐

1. 把磨腐切爲棋子塊，將京冬菜切細屑，即可投熱油鍋中炒透。

2. 次把食鹽放入略炒數下，即行起鍋。

（二）炒磨豆腐

1. 把小青菜切碎，倒入葷油鍋中炒透，放下放透的蝦米、醬油及清水等，煮爛。（煮青菜、蘿蔔、缸豆的時候，怕不易煮爛，可略加蝦米少許同煮，則易爛，此祕法也。）

2.次把磨腐置鍋內共煮，及透，鏟起供食。——這爲北方人的常食品。

（三）拌磨腐

1.把磨腐切小方塊，放置碗中。

2.再把香椿頭、權菜、薑屑等加入，然後用醬油、蔴油拌食。

喫法：都可酌加味精少許。

第五節　素火腿

這裏的素火腿，並不是金聖歎所說的素火腿。依金氏喫的經驗說，長生果和豆腐干同食，大有火腿滋味。後來的人，又略加補充，說乾豆腐干拌花生米，加以小磨蔴油，吃了很有鷄蛋的滋味。蠶豆與花生米同食，與皮蛋滋味同。再有鰳魚肉同鷄蛋黃伴煮後，亦備蟹粉的滋味，其他恕不多述。今把素火腿的做法，詳細說明于下。

選料：1.豆腐皮二十張（卽豆腐衣。）

2.醬乳腐露一碗（把醬乳腐搗碎，和以蔴油、白糖等調牠極和。）

3.素油三兩（或菜油、豆油。）

4.黃酒少許（香頭。）

5.醬油半兩（不可多放。）

6.茴香一二只（或加其他香料。）

7.香菌五六只（用開水泡浸後，將水頂脚候用。）

8.白筍一塊（切片。）

9.白糖一撮（和味用。——以上炒素火腿的材料。）

做法：（一）炒素火腿

1.把豆腐皮塗以醬乳腐汁，務使均勻，除去塊粒，一張一張的疊起來，捲成圓形，外邊再套數張潔白的豆腐皮，即以布巾裹住，用繩縛着，愈緊愈妙。

2.入鍋中用煑成八分熟，取出，去外層包裹，切片約二三分厚。

3.再入油鍋中煎透，將黃酒、醬油、香料、香菌、白筍片等依次加進，酌加香菌湯少許，煑一二透，加糖和味，極香美。

（二）蒸素火腿

1.仝上。

2.上飯鍋蒸透，取起，待冷切片，裝于盆中，用醬油蘸食。

喫法•

食時再時加蔴油少許。

第六節　素鷄

素鷄是把百葉做成的，用豆腐衣做成的叫做素鵝，另有一種名叫素鴨，是用百葉塗上醬蔴油赤糖的混合汁，重製成的。原料不同，風味亦異。但流俗爲什麼要有素鷄的名目，殊屬不解，若不是「望梅止渴」之意，那豈不是犯了矛盾嗎？我因爲一時想不出名稱，果從此說。今把素鷄的做法，詳細說明于下。

選料•

1.百頁十張（一名千張千層。）

2.鹼一塊（泡水。）

3.菜油二兩（或豆油。）

4.食鹽一撮（少放些。）

5.醬油一兩（要好的。）

6.白筍一只（切塊。）

7.香菇半兩（或香菌。）

8.白糖、眞粉各少許（和味用。——以上做素鷄的材料。）

9.豆腐衣五張（先用鹼水泡好。）

10人參條五根，（油氽的。）

11蔴菇五六只（泡湯放透。）

12粟子廿多個（用刀剖開，加清水先行煑熟。——以上燒粟子素鷄的材料。）

做法：

（一）炒素雞

1. 先把百頁用鹼水泡過後，疊齊紮緊，用布巾壓結，然後入鍋同水煮熟，再用刀切塊。

2. 次把鐵鍋燒熱，下以菜油及熱，把雞塊倒進煎透，加以食鹽、醬油、筍塊、香菇等同煮二三透，和入白糖、真粉即可起鍋。

（二）燒栗子素雞

1. 把百頁泡過後，每二張包入人參條一根，外面再包豆腐衣，用刀切成寸段，投入油鍋內煎透。

2. 次把醬油、蘑菇、栗子及蘑菇湯同煮，及栗子爛，倒下白糖和味即佳。

喫法：

食時加蔴油。

第七節　素蛋

雞蛋鴨蛋是葷是素？還是一個問題。但是一般人以為雞蛋是雞生下來的蛋，雞既然是葷的，雞蛋當然也是葷的了。本節所述的素蛋蛋怎麼為素呢？並不是用真的雞鴨蛋，我們用豆腐店裏的百葉來代替，若是庖製得法，要是不說穿，只道是炒的真蛋哩。今把的素蛋做法詳細說明于下。

選料：

1. 百頁八張（用鹼水泡軟。）
2. 蔴油一兩半（菜油亦可）
3. 玉堂菜少許（把膠菜心一斤，用飛鹽、沙糖、蔴油等適量拌勻，然後緊緊裝入小瓦罐中，于冬日貯藏，夏天取食。）
4. 香芹少許（切屑）
5. 象鞭筍少許（揀嫩頭切屑。）
6. 食鹽一撮（少許。）
7. 醬油半兩（秋油）
8. 素葱一技（素葱是短而細的，與葷葱腥臭不同。）
9. 味精少許（調味用——以上炒素鴨蛋的材料。）
10 鹽乾菜半杯（切屑。）

11京冬菜少許(切屑。)
12滷菜少許(切屑。)
13香菇十只(切屑。)
14菜油半斤(炙煎用。——以上煎百頁糕的材料。)

做法:

(一)炒素鴨蛋

1.把百頁用溫鹼水泡軟,約二小時之久,用清水過清,取出榨燥百葉已成極鬆軟的樣子,即可切成一寸大小的塊兒。

2.先把鍋子燒熱然後把蔴油倒下,煎透用鏟使四面攤開,把百頁的塊兒放下鍋去炒牠幾個轉身使油質遍身裹住為度。

3.再把玉堂菜、香芹、嫩笋等屑,放下炒和一下,便即加食鹽、醬油及清水少許,(水不可太多)關蓋煮熟到將熟的時候,放入素葱段,並味精少許,便成功了。

(二)煎百頁糕

1.把百頁泡軟後,取三張疊成一層,上面鋪以乾菜、京冬菜、滷菜、香菇等屑,再蓋百頁二三張,再鋪乾菜等屑一層這樣累積,約一寸多厚,即包入稀蔴布中入鍋蒸煮,取出加以壓力,使凝結成糕。

2.然後切作狹長條,投進熱油鍋炙鬆,以黃為度。

喫法:

1.素鴨蛋不可與醋同食,否則反為不美。

2.百頁糕宜蘸以酸醋或辣油而食,若將凝結的糕,切作小方塊加醬油、蔴菇等冲湯即成別饒風味的素湯。

第八節　醬瓜

醬瓜是醬菜的一種,要推揚州為最著名。的確,住在揚州的人,對于醬菜沒有一天可離。在每天早晚餐,都以牠作下飯的小菜,即在午餐時,桌上雖棋布着肥鷄大肉,而亦必置一兩樣醬菜于左右,待至狼吞虎咽時驟食一口,頓覺沁入心脾。更奇的,雖然累日喫牠,從無喫厭的時候。揚州人常罵人家沒本傳說：「你還沒有喫過三年蘿蔔干子飯。」因為店家學徒必須學習三年後方做夥計，在這三年中沒一天不嘗到此味的。（按現今都市的學徒名稱改為練習生，著要新鮮，喫要占先，住要安適，可稱為學徒解放時期。）試想假使這醬菜沒有特殊的性格，還能三年不厭嗎？醬菜中最普通的，卽醬瓜、金筒菜、寶塔菜、蘿蔔頭之類，至于揚州醬菜鋪子最著名者，昔日推何公盛，至今尚盛者為東關四美，後起者為三和，他家有三個分店，營業宣傳，頗為得力，但全特天然製法，無一家參以科學方法，實為美中不足，尚得改良以求進步，今把醬瓜的做法詳細說明于下。

選料：

1. 肥嫩野鷄一只（取胸膛上的肉最好。）
2. 油二兩（不論素油、葷油。）
3. 香菰五只（切丁。）
4. 醬瓜四兩（切丁。）
5. 黃酒二兩（用陳的。）
6. 醬油三兩（秋油。）
7. 食鹽少許（一撮。）
8. 白糖一撮（和味用。——以上炒野鷄瓜的材料。）
9. 腿花肉一斤（切成細條。）
10. 醬薑二兩（切細絲。——以上炒瓜薑肉絲的材料。）

做法：

（一）炒野鷄瓜

1. 把鮮嫩野鷄肉切成黃豆大的丁子，放進滾油鍋內炒十幾下。
2. 加上切好的香菰丁、醬瓜丁、再放入黃酒、醬油、食鹽及清水少許，炒熟加糖和味，速卽鏟起。

（二）炒瓜薑肉絲

1. 把肉用刀切絲，再將油鍋燒熱，以肉絲傾入炒爆。
2. 待牠脫生，下黃酒、醬油、食鹽及醬瓜絲、醬薑絲、煮二透，下糖嘗味起鍋。

喫法：

食時另加蔴油。

第九節 羅漢菜

羅漢菜與薺菜相似，在臘冬的時候，加鹽貯藏，至春夏間可以取食，其色略黃，味帶甜，極嫩鮮，製法把菜菔葉或蕪菁之屬，洗淨陰乾，每斤用鹽三兩擦透，醃一夜，榨去其汁，再撒以食鹽、香料末等，貯入瓶中，日久可食。鮮于樞詩云：「童烹羅漢菜，客禮圖師表。」為僧家常食之品，故名羅漢菜，今雜合蔬果等烹製成菜，亦稱羅漢菜。今把二種羅漢菜的做法，詳細說明于下。

選料：

1. 羅漢菜半碗（切細。）
2. 筆筍二兩（用冬筍亦可。惟冬筍在夏天，可先用水煮盡苦味，然後應用。）
3. 生香椿頭少許（切碎。）
4. 蔴菇十只（先泡洗好。）
5. 白醬油少許（不可太多。）
6. 白糖一撮（和味用。——以上羅漢菜炒筆筍的材料。）
7. 香菌十只（浸胖。）
8. 豆腐二塊（用布擠乾。）
9. 金針菜少許（放透切屑。）
10 木耳少許（放浸，切屑。）
11 食鹽少許（勿太多。）
12 眞粉半杯（做豆腐丸用。）
13 素油二兩（菜油。）
14 葛仙米二錢（放好。）
15 黃酒半兩（香味。）
16 紅醬油二兩（要好的。——以上燒羅漢的材料。）

做法：

羅漢菜炒筆筍

1. 把筆筍去淨皮衣，同時將蔴菇泡發碗中。
2. 再把泡發的蔴菇湯頂脚入鍋煮滾，放入筆筍，焯熟取出，切成一寸餘長的段，隨即用刀在每個上輕輕一拍。

3.然後將油煉透，放進筍段，約炒到十幾下，再用蔴菇、生香椿頭、羅漢菜屑加下，再炒十幾下，繼續放進白醬油及清水煮熟，和以白糖卽好。

(二)燒羅漢

1.把蔴菇、香菌放浸，再把葛仙米泡透。

2.把豆腐擠乾水汁，拌以金針菜、木耳屑及食鹽少許，用匙做成圓形，放在眞粉裏滾過，卽可投進油鍋內煎黃。次把蔴菇、香菌、筍片、葛仙米、黃酒、醬油等依次放入，加些浸蔴菇香菌的水，煮二三透，下糖卽佳。

喫法：食時加蔴油。

第十節　松菌

松菌原名鏻蕈，一名珠玉蕈，別名地鷄，以吾鄉虞山所產爲著名。按菌類爲隱花植物，有土菌、松菌、青頭菌等數種，吾鄉又有俗稱榖樹菌、茅柴菌、鷄脚菌等名，自均可供食用。惟菌體發出豔麗的顏色，並且味道苦澀的，均含有毒質，棄去勿食。若是喫了發生噁心嘔吐的情狀，卽是受毒徵象，急用燈草煎湯服下，立見奇效。一方面在燒菌的時候，可以銀針試他，如現黑色，愼勿進食。我再告訴你一個除去菌上帶泥的方法：用豆油數滴滴入清水盆中，然後置菌其中，用軟刷輕輕蘸拭，不數分鐘，卽潔白無泥了。我在上面說過顏色豔麗的菌是有毒的，但不能一概而論。如豬血菌是沒有毒的紅色菌。又宜興特產竹菇，小而色紅，叢生于陽羨山中，及春天的一種小蕈，陳維崧雙溪竹枝詞云：「淸明市上雨濛濛，酒店帘斜漾遠空，紫筍青梅還未歇，筠筐已貯竹姑紅。」其味亦鮮美。今把松菌的做法，詳細說明于下。

選料：

1.松菌二十只(新鮮的。)

2.豆腐六塊(切小方塊。)

3.菜油三兩(或用豆油。)

4.薑一片(解毒用。)

5.食鹽一撮(少些。)

6.筆筍一只(切片。)

7. 醬油一兩半(要好的。)
8. 白糖一撮(和味用。)
9. 大蒜葉少許(切屑。——以上炒松菌豆腐的材料。)
10 穀樹菌一斤(或茅紫菌。)
11 菜油半斤(菜油豆油都可。)
12 秋油六兩(上號的。——以上燒菌油的材料。)

做法:

(一)炒松菌豆腐

1. 把松菌洗清,摘去菌脚,放于碗中。
2. 把豆腐小方塊入油鍋(先加薑一片)煎透,以黃爲度。卽下以松菌,酌加食鹽、菜油少許,煎了五分鐘,將嫩筍片、醬油、清水等蓋鍋樞煮二三透,和以白糖,再下大蒜葉,便可起鍋了。

(二)燒菌油

1. 先把油下鍋,煎透,放薑二三片。
2. 把菌入油,煎爆片時,便將食鹽、醬油倒入,燒到水分很少,油無爆聲,取起貯藏缽中,可以歷久不壞。

喫法:

1. 喫松菌豆腐加些蔴油于碗面上。
2. 菌油爲素食佳品,醮拌冲湯均可應用。

第四章 大菜

第一節 鰻鱺

鰻鱺一名白蟬,身體爲圓柱狀,比較鯽魚爲粗,皮膚很厚,有膠質的黏液附着,顏色蒼黑,腹純白,長一二尺,產于鹹水而成長于淡水中。除掉冬天以外,春夏秋都有,因爲寒天牠是在潛伏在泥穴中的。春夏秋三季尤以夏季爲較多,比較菜花鰻鱺的肉子還要來得肥美。市上的鰻鱺,大都自籪上來的,間有用鈎鈎的,但是不多。大凡重過一斤多一尾的,或頭大身細,以及腹部有花斑的,都不宜吃牠。我新近聽得朋友說,鰻鱺可治危險的傷寒絕症,這是一個祕方,可供科學上的研究,近且有某醫師從事煉製不久定有所發明而供之于世的。其法把活鰻鱺一尾，用手捋去牠外面的涎油水，盤放瓦罐中，蓋上罐蓋，移上鍋架，再蓋鍋櫃，隔湯蒸燉數小時，取出將吊出的油汁傾于杯中，待略溫，卽與病人飲服，其效如神。我的意見這種方法，雖屬簡單，但非至病情危殆萬不得已時，當使勿用，可以醫治，還是請醫生服藥的好，老實說，祇可當他病人「死馬作活馬醫」才可試驗這個祕方。因為在這個時期尚且不知道他的所以然，終究是冒險的事情啊，我雖是極誠意的介紹在這裏，可是我不能負起完全責任的，這是須要請讀者原諒，我才好！若是試驗得好，還望廣為流傳出去，以補現代科學的不足，亦未嘗不是一件功德事。當代不乏博學家有機會千萬要賜教我，或者集力可以探討出牠的原理來，發明提取純淨安全的鰻鱺汁，這是何等偉大的救世工作啊！（通訊處：上海福州路三百廿八弄六號或蘇州泗井巷廿六號時希聖收）今把鰻鱺的普通喫法，詳細說明于下。

•選料•

1. 鰻鱺二斤（鮮活的。）
2. 菜油四兩（或葷油。）
3. 黃酒四兩（解腥氣。）
4. 食鹽一撮（不可早放。）
5. 醬油四兩（要用好的。）
6. 板油二兩（卽豬油，切小方塊。）
7. 白糖一兩（和味用——以上紅燒鰻鱺的材料。）
8. 腿花肉四兩（切片。）
9. 網油二兩（切碎。）
10. 火腿一小塊（切片。）
11. 香菇六只（洗淨。）
12. 生薑少許（切片。）
13. 葱結一個（約一二枝。——以上淸燉鰻鱺的材料。）

•做法•

（一）紅燒鰻鱺

1. 把活鰻鱺用力擲死，（經擲了以後，鰻鱺體漸涎，俗稱擲鰻壯。）再用刀割開喉部，並在尾部肛門處稍割幾下，使腸中斷，然後以刀柄揩住，隨手抽出肚腸，再行斬去頭尾，每段切爲一寸多長，用沸水泡去滑涎洗淨。（切不可放入冷水中，恐防細骨發硬，皮發縐紋，便會不酥。）

2.再把油鍋燒熱，加薑一片，將鰻段豎直鍋中，翻覆煎爆，以發爲度，卽下黃酒，蓋鍋蓋燜片時，再加食鹽、醬油、板油及清水少許，加蓋用文火煨燜，然後以白糖和味起鍋。

（二）清燉鰻鱺

1.把鰻鱺破開除淨，切段，放入大號碗內，用腿花肉、網油、火腿、香菇、生薑、葱結、黃酒、食鹽等物加進，稍下清水，碗上覆以大盆，移上鍋架。

2.關蓋便燒，蒸熟去吃。

喫法：清燉鰻鱺用醬蔴油蘸召。

第二節　着甲

着甲乃鱣的俗名，又名鱘鰉，元朝人稱阿八兒忽魚，長一二丈，產遼陽東北海河中，（見飲膳正要）無鱗，背有骨甲，鼻長，口近頷下，有觸鬚，脂深黃，與淡黃色的肉層層相間，市上常置放大砧磴上待沽，蘇城觀前街野味店亦有出售，拿來烹調，味美，著于吳中。清朝雍正乾隆年間，曾督西江的尹文端公，自稱治鱘鰉最擅長，但據說煨得太熟，很嫌重濁一點，已故小說家許指嚴頗嗜此物，每游吳門，常以着甲佐酒。然此物不可和牛乳同食，食則凝滯不能消化，很有礙于衞生，有某體育家自恃頑健，不信禁忌之說，一天竟盡着甲一盂，牛乳一杯，食畢而睡，到了半夜，腹痛如絞，從此委頓者月餘，此理殊不易解。按食品中往往有兩物相忌，同食對于身體上受到不良的影響，甚至于死。飲膳正要說：「食不欲雜，雜則或有所犯，知者分而避之。」爰立表于左。

品名	忌物
野猪	烏　胡桃　橘子　獺
猪肉	牛肉　羊肝　芫荽　胡椒　香椿　鵪鶉
猪肝	生薑
羊肉	魚膾
羊肚	梅子　小豆
羊肝	胡椒
牛肉	栗子　薤
鹽牛肉	高粱
牛肝	鮎魚
牛腸	犬肉
馬肉	倉米　蒼耳　薑
馬乳	魚膾
驢肉	荆芥
鹿肉	鮠魚
麋肉	蝦
麋肉脂	梅子　李子
兎	芥子　生薑
雞肉	魚汁　兎子
雞卵	鱉魚　葱　大蒜
鴨肉	鱉魚　木耳　胡桃
鵪鶉	菌
雉	蕎麵　胡桃　蘑菰　鯽魚　猪肝　鮎魚　葱　猪肉　狸　蕈　鯉
雀	李子

食物	相忌
黃魚	蕎麵
鯉魚	犬肉　猪肉
鯰魚	牛肉　猪肉　鹿肉　雉
鯽魚	荊芥　雉　麥冬
鮫	魬
鮭	海豚
鰻	青梅　銀杏
鮒	芥子　大蒜　猪肉　雉
鱸魚	荊芥
河豚	荊芥　烏頭　附子
章魚	瓠瓜
鱘鰉	牛乳

食物	相忌
天彎蚶	筆頭菜
蟹	梨　五茄皮　國公燒　鬱金香　蜜　橘　棗　蕗菜　豇豆　柿　海螺
螺	磨芋豆腐　蕎麥
糯米	牛脯
黍米	葵菜
楊梅	生葱
杏子	白糖
蜜	棗　李　菱　萵苣　魚鮓　葱
萵苣	酪
莧菜	鱉魚
韭	酒
黃瓜	落花生

熏青豆	柿子
白果汁	雪片糕
燒酒	生薑
藕粉	變蛋
甘諸	鹽類

今把着甲的做法，詳細說明于下。

選料：

1. 鱘鰉肉一小碗（切片。）
2. 油二兩（葷油素油均可。）
3. 白醬油二兩（或秋油。）
4. 黃酒二兩（要陳的。）
5. 縴粉少許（把以上三物加些清水，調和。）
6. 火腿片五六斤（煮熟。）
7. 香菇三四個（煮熟）
8. 生葱一枝（切幾小段。——以上紅燒着甲的材料。）
9. 嫩笋一塊（切片。）
10. 生薑一塊（切片。——這是蒸著甲的材料。）

做法：

（一）紅燒著甲

1. 把鱘鰉魚切片，次將醬油、黃酒、縴粉加清水少許，調和于碗中。
2. 然後燒熱油鍋，倒下魚片，快手連炒幾下，加上預先調和的醬油等汁，同時下熟火腿片、熟香菰、生葱段，再燒一透，即可起鍋了。

（二）蒸著甲

1. 把鱘鰉魚用白水先煮過，去了大骨，肉切小方塊，再取明骨也切小方塊。
2. 次把明骨塊、生薑片、笋片、火腿片、香菰一起放置碗中，（最好加些清雞湯。）上鍋蒸八分熟，光景下白醬油少許、黃酒一小杯，再下魚肉塊煨二分爛，起鍋。

喫法：

1.先預備好麵醬一杯，將蔴油一杯，煉滾後，注入醬碗內互相調好，然後蘸着去吃。

2.起鍋乘熱就食，稍一遲就會腥的。最好加些葱、椒、韮並用薑汁。

第三節　甲魚

甲魚是鼈的一種，一名神守，又因牠形圓，故亦稱圓菜，團菜。在牡丹開花的時候，是甲魚最盛的時期。牠的滋味，正是鮮腴肥美，恰到好處，叫做牡丹甲魚。過了這時，就老不可食，彷彿變成了「人老珠黃不值錢」了。甲魚雖叫做魚，却是有甲有脚的爬蟲。牠的裙邊，不但肥腴可口，並且還是滋陰補品。據說清鏵塘清河橋下特產一種銀爪甲魚，腹底作墨色，而四爪皆如銀，耀日有光。患脚氣病的人，一吃卽愈，惟所產不多。曾聞老于捕甲魚的人說，視河中有浮沫起，則其水底必有甲魚。且因其性喜與蜘蛛爲緣，故用器卽依其形大小如核桃邊緣有肢八入水下沉，甲魚見了，必上迎，然後以筌穿其背的左右，卽得。又說甲魚產卵時，賴蜘蛛爲守護，故岸邊有甲魚卵上必絲網冪罩住。再甲魚不能孵卵，卵產于南岸，則母鼈必在北岸日夕遙望，俗稱隔岸照，越旬日而幼子破卵以出了。煮食的時候，須先在沸水中剝去牠的黑皮。喫法有兩種，和火腿清蒸，雖然清腴適口，然而和鮮肉紅燒，却更來得肥膿有味。甲魚紅肚皮的，是由蛇蛻變的，俗稱蛇跌鼈，有毒不可吃，誤食殺人。宜先以細繩繫其尾，倒懸多時，覘其有沒有變化，卽能辨別的了。今把甲魚的做法，詳細說明于下。

•選料•

1.甲魚一只（鮮活的，約一斤重。若焦鹽、紅燒，用半斤左右的二三隻爲佳。）
2.黃酒二兩（解腥氣）
3.火腿一塊（切片）
4.香菰四五個（或不用）
5.食鹽一兩（紅蒸用醬油一小杯。）
6.葱薑各少許（解毒用。——以上清蒸甲魚的材料。）
7.文冰四兩（或用冰糖屑。）

心一堂　飲食文化經典文庫

8. 茴香料皮各少許（香料。——以上焦鹽甲魚的材料。）

9. 菜油二兩（煎甲魚用。）

10 醬油四兩（揀好的。）

11 板油二兩（卽豬油塊。）

12 白糖少許（和味用。——以上紅燒甲魚的材料）

做法：

（一）清蒸甲魚

1. 把甲魚翻身置放地上，這時甲魚要想翻轉身來逃走，必將頭部伸長出來，卽可乘機用刀割斷喉管，濟去血液，隨卽用滾水泡洗去皮，取起，除去他的頭尾四爪，再切胸部成四塊，而不碎其甲，然後取出小腸，不可着水，用黃酒洗滌潔淨，裝于大海碗中。

4. 把黃酒、火腿、香菰、食鹽、葱薑等物，納入甲魚肚中，不必加水，移上鍋架，隔水去蒸，緩火約二點半鐘，卽好。

（二）焦鹽甲魚

1. 把甲殺好後，泡水，剝皮，破肚，洗淨，切成小塊，足邊如有黃油，須要割去，以免羶氣，然後入鍋加清水煮透。

2. 煮透，加黃酒四五兩、食鹽二兩、及薑片、茴香、料皮等作料，用細小文火燜爛，和以文火，見汁已濃厚，卽可起鍋。

（三）紅燒甲魚

1. 把甲魚如上法切塊，倒入熱油鍋內爆一個極透。

2. 見牠四面黃透，下以黃酒四兩、食鹽少許，再下醬油及水，酌量並下切小塊的板油，關鍋櫳用文火燜爛，和以白糖。

第四節　田雞

田雞一名水雞，屬于兩棲動物的蛙類，亦卽蝦蟆的一種。世界上最喜喫田雞和蝸牛的國家，要讓爲法蘭西，法蘭西人他們都以爲是美味而極對胃口的，英吉利人卻就不喜歡這個，所以叫法蘭西人爲「食蛙的民族，」這可見得飲食嗜味，有如「人心不同各其面」了。吾國南方尤其是廣東人，最喜喫田鷄。惟田鷄爲有益農家的動物，昔嘗懸爲禁例，不許民間捕殺，有如耕牛一樣。今則受西人縣傍牛肉蛙肉等于家常便飯，祇就上海一埠而言，附近鄉民如浦東等處，每天供應廣東館的蛙肉爲數極多。牠的做法，有炒櫻桃、田簪田鷄等名稱，今兼採他法，一併說明于下。據說徽州地方，有一種石鷄，味亦鮮美，同屬蛙類，色灰褐而有黑色的疤點，式似田鷄，但體積却比田鷄大三倍餘，產于深山大澤有岩石而近小的地方，捕捉不易，捕捉起來，要在夜裏，因爲白天他躲在岩石的縫裏，而且還有一種迷信，譬如想今天夜裏去捉，不能說是去捉石鷄，只可說是今晚去看大令，如若說是去捉石鷄，今夜非但捉不到一隻，而且還要被毒虮咬死。到了晚上，帶了布袋、曆本、錫箔和有油脂的松木，然燒松木在鉄絲編製的小籃裏，先走的人拿着一路翻山過嶺的走着，路上不能說話，到了目的地不遠，燒着曆本和錫箔，口裏念着咒石鷄自會成羣的跳來，把最前的一隻捉着，弄斷他的一隻脚，把他丟得遠遠的，再一隻一隻的捉到布袋裏。捉到後來，其中發現有斷脚的，又把他丟得遠遠的，第三次捉到這隻斷脚的石鷄時，便要很快逃跑，倘若不逃，他已經請得毒蛇來給他復仇了。

·選料·

1. 田鷄半斤（用大青蛙，將刀在頭部斬下，背部的皮不可割斷，即將皮撕下，洗淨，切碎候用。）
2. 蔴油二兩（或葷油、花生油。）
3. 黃酒一兩（解腥用。）
4. 白醬油一兩（或紅醬油。）
5. 香菰五只（或笋塊。——以上炒櫻桃的材料。）
6. 干貝二兩（先浸在黃酒中放浸。）
7. 葱薑少許（切作葱段薑片。）
8. 食鹽一匙（紅蒸用醬油——以上清蒸干貝田鷄的材料。）
9. 嫩笋一塊（煮熟，切絲。）

10 火腿一塊（煑熟切絲）

11 黃粉少許（着膩用。——以上炒玉簪田鷄的材料。）

做法：

（一）炒櫻桃

1. 把大青蛙剝去皮，切成塊，入滾蔴油鍋內，炒十幾下。
2. 然後加進黃酒、白醬油、香菰，再炒十幾下，起鍋。

（二）清蒸干貝田鷄

1. 把田鷄準備好，以干貝及葱薑、黃酒、食鹽一同置于大碗內加水一杯上鍋蒸透。
2. 蒸了二透以後，燜半時可食。

（三）炒玉簪田鷄

1. 把田鷄去皮，祇取其兩腿，並去其腿骨。再把嫩筍、火腿切絲。
2. 把油鍋燒熱，將田鷄腿、筍絲、火腿絲倒下炒爆，加些黃酒、醬油、清水等略炒片時，和下黃粉，即就。

喫法：

一起加蔴油去喫。

第五節 糟魚

糟魚在夏季是淸胃的菜司，其肉血紅，其味馨香，可與火腿相頡頏。做法有二種，一種是淸燉，一種紅燒。不論是青魚、鯉魚、鯽魚、鯿魚、鯇魚都好，惟須要預先糟就，以備夏令應用。法以鮮魚剖腹洗淸爽，用食鹽擦內外都遍，把繩穿住每尾的頭部，折斷竹筷幾根，每根長約二寸，橫着撑開那剖開的魚腹，排在透風地方，吹至乾硬，取下，切成寸許方塊，用小甏數隻，甜酒釀幾斤，先在甏底鋪酒釀一厚層，上面鋪上魚一層，再鋪酒釀一層，如是魚和酒釀相互間隔，直到近甏口爲止，香料也夾雜在每層中，甏口用竹箬封好，把糟調爛泥塗封甏口，墳起如小邱，一月後可啓甏取食，封貯愈久，香味愈佳。惟在夏天取用開甏後，二三日當食盡，或須仍將甏口緊閉，否則一經蚊蠅，就要生蟲了，要謹防爲是。今把糟魚的喫法，詳細說明于下。

選料：
1.糟魚一碗（連糟。）
2.菜油半盅（多少隨意。）
3.薑片一塊（或加葱屑。）
4.白糖一匙（和味用。——以上燉糟魚的材料。）
5.活鯽魚二尾（揀大的。）
6.菜油半斤（氽過後盛起。）
7.白醬油一兩（純用紅醬油亦可。）
8.紅醬油一兩（要好的。）
9.香糟六錢（即吊燒酒的香糟。）
10黃酒二兩（解腥。——以上立時糟魚的材料。）

做法：

（一）燉糟魚

1.把糟魚塊放入碗中，上加菜油、薑片、白糖等。（再加些黃酒。）
2.一同移上飯鍋蒸燉，飯熟即可食了。

（二）立時糟魚

1.把活鯽魚去淨鱗片，同肚內各物，洗淨後，整個放進熱油鍋內一氽隨即翻轉再氽一次，遏去鍋內餘油。此油留下次應用。
2.待餘油取起，即將預先調好的紅白醬油、糟、黃酒、加進一煮，即行起鍋。

喫法：
喫立時糟魚，時須將香糟渣去淨。

第六節　臘肉

臘肉就是醃豬肉，以立春前所製爲上，因而得名。據化學家說，當醃漬後，必須經過一度發酵作用，因此食物非但不會腐敗，且有芬芳撲鼻的香味發出，這是西名所請「伊司脫」細菌作用。臘肉杜製法是這樣的：在立春以前，把豬肉用食鹽、花椒、茴香及硝醃好之後，放在缸裏，用石頭加以壓力，再晒在太陽裏，到了春天或夏天的時候，燒熟了吃，顏色鮮紅，不亞火腿，味道是很好的。在江浙一帶，每到了殘多，都要醃些臘腿、臘肉。鄉下的人家住在村落之中，偶然有親友來上鎮買菜來不及，牆壁上掛着腿肉臘腿現存東西有着很便當呢。所以臘肉一菜便是一道重要的客菜了。臘肉的燒法，吃法和火腿完全相同，可以清炖更可以白熝，和鮮肉、百頁在一起，更可和肚子、鷄鴨一起燒，肉的鮮嫩有過火腿，而湯的味美，也不遜火腿。尤其是春天毛笋夏天茭白上市的時候，臘肉湯裏放的笋和茭白，笋和茭白的味道，更比什麼燒笋和茭白來得好吃。所以笋和茭白上市的時期，也是我們大吃其臘肉的時期。臘肉起缸以後，時常要在太陽裏曝晒，歷時可經過一年以上而不壞。但是最得吃的時候在二三月至四五月，過于久了，也要失去美味。醃的時候，過于鹹了，不好吃，但過于淡，要有臭味，所以醃肉也要老手才好。過于鹹過于淡了都不好，大約豬肉一斤，用鹽四兩爲度。更要防蒼蠅的瀉子而出蟲，出了蟲便不好吃了。今把臘肉的做法，詳細說明于下。

選料·

1. 臘肉半斤（或用加香肉、鮮肉和茭白亦可。）
2. 黃酒一兩（解腥。——以上蒸鍋底肉的材料。）
3. 茴香一二只（香料。）
4. 茭白四兩（切纏刀塊。）
5. 食鹽一撮（以上煮茭白肉的材料。）

做法·

（一）蒸鍋底肉

1. 把臘肉洗淨，切成整個之塊，加以黃酒，置于大碗中。
2. 當煮飯時，米水未下鍋前，將肉碗及轉覆于鍋心，然後落米下鍋，加水燃火煮熟，飯熟亦熟。

（二）煮茭白肉

1. 把臘肉洗淨，放下鍋中，加清水茴香等，先燒一透。
2. 下以黃酒，再透去膜，三透加下茭白塊及食鹽，然後再行煮熟。

喫法·

1. 如用鮮肉蒸的，須要蝦子醬油蘸食。

2.酌加大蒜葉少許同煮片時亦好。

第七節　粉蒸菜

粉蒸菜肴以夏令食之爲多，尤以徽館所製爲最傑出，最精彩有粉蒸肉、粉蒸鷄、粉蒸魚、粉蒸菜等數種名目。粉蒸菜肴比較淡一些，但是淡一些的菜，味兒確比鹹的菜肴要好幾十百倍以上，而且有特別的一陣香味，是清芳的一陣香兒。粉蒸菜肴的特用材料，是新鮮荷葉。製法有二種，第一法，因爲用荷葉包蒸，每苦枯燥，脂肪質容易被荷葉吸收殆盡，而荷葉又不可食，不如用荷葉整片作底，將鷄、肉等層疊而上，復以荷葉蓋好，既不加以束縛，即被葉吸收去的油，仍能回于肉中了。第二法，若固宴客略重形式，必以荷葉包裹的那麽宜細切肉丁，肥略多，瘦略少，稍加濃滷汁，亦能達到芳香鮮潤的美味。今把各種粉蒸菜肴的做法，詳細說明于下。

選料：

1.豬肉二斤（上好五花肉。）
2.炒米粉五六兩（用粳多糯少的米粒炒黃後，但要磨來微微帶粗，不可過于成粉。）
3.白醬油一兩半（或用鹽。）
4.黃酒四兩（要陳的。）
5.濃鷄湯少許（即紅鷄汁。）
6.食鹽少許（切不可太多。）
7.五香末少許（香頭。——以上粉蒸肉的材料。）
8.嫩鷄一隻（約一斤重。）
9.熟鹽一錢八分（炒熟同花椒研細。）
10花椒二分（炒過。——以上粉蒸鷄的材料。）
11大鯽魚一尾（鮮活的。）
12腿花肉四兩（切細。）
13藕粉一盅（用水和勻。）
14香菌四只（放胖。）
15葱薑少許（解塞。——以上粉蒸魚的材料。）
16白菜六兩（或青菜、芋頭、山藥、莧菜、黃豆芽。）
17鷄塊半斤（切成方塊。如加魚肉鷄亦可。——以上粉蒸菜心的材料。）

做法：

（一）粉蒸肉

1.把肉用開水泡洗後，切作厚約二分長約一寸六七分的塊子。

2.次把炒米粉同白醬油、黃酒、濃雞湯、食鹽、五香末等拌一個均勻，若是太乾加些水，再用肉塊拌進約過三十分鐘。

3.然後把鮮荷葉在水裏裏焯過，再分爲一塊塊的將肉粉平均包好，紮上水草上鍋隔水蒸熟，大約一小時爲止。

（二）粉蒸雞

1.把雞宰好去淨毛，由屁股底下稍稍割開，除去裏面腸肚各物，但始終不要見水，也不要破開。

2.取潔淨乾布將雞的內外，擦抹乾淨，用炒好的鹽和花椒在雞肉內外再擦幾次，放半小時。

3.然後就用濕布將雞內鹽味擦抹乾淨，切成片塊，塗上黃酒、白醬油及炒米粉少許，用新鮮荷葉一塊塊的包起，停二十多分鐘。

4.放進蒸籠，蒸熟乃食。

（三）粉蒸魚

1.把鯽魚除淨，放進盆中，用黃酒二兩、白醬油二兩、食鹽少許洧浸。

2.隔一刻鐘上面鋪以肉腐，和些藕粉，再加香菌、葱屑、薑末等，在鍋內隔了水蒸，大約蒸二十分鐘以上起蓋取食。

（四）粉蒸菜心

1.把白菜取心洗淨後，襯在鉢底，加鴨塊于其上。

2.次把拌勻的白醬油、黃酒、鮮湯、食鹽、五香末、及炒米粉等澆將進去，隔水入鍋蓋密，蒸透可食。

喫法：

1.喫粉蒸肉時，將包打開，乘熱最佳。

2.喫粉蒸雞，有的不用炒米粉，是另一種喫法，名叫荷葉雞，將整只雞塗上黃酒、醬油等，用鮮荷葉塞入雞肚內去蒸，蒸好以後，掛在通風的地方，吹得約半天工夫，然後或撕條或切片，（最忌切方塊。）去喫，格外香美。

3. 蒸好就喫，遲則要腥氣了。
4. 喫時加蒜油。

第八節 豬蹄

醉豬蹄是把嫩豬的圓蹄，加煙台干貝、鎮江百花酒、廣東高州的醉蟹，以及白葡萄乾等猥煮而成。豬的圓蹄卽蹄胖。干貝一名江瑤柱，又叫馬甲，以煙台爲最嫩。百花酒係京江特產，觀其名已雅不可言，可稱名酒。醉蟹則以廣東高州和吳州二處爲上，爲此間所不及，市上均有出售。葡萄乾分二種，一種是紫色的，一種是白色的，均可取用。豬蹄的另有一種食法，是用凍製法，在夏令最爲相宜。襄讀資治通鑑，彷彿在東晉五周十六國的時候，記得有一位皇帝要想吃凍魚，他的御廚房因爲在夏天不能做到這個冰凍的東西，就犧牲了一條性命，皇帝的權威壓迫到如此，豈不可惜！若是現在就很容易解決了，祇要用「黃魚膠」一物同煮，或用最簡單的方法，放在冰箱內就得了。又清顧仲養小錄凍魚法：「鮮鯉魚切小塊，鹽醃過，醬煮熟，收起，用魚鱗同荊芥煎汁，澄去楂，再煎汁，調入魚，調和得味，錫器密盛，懸井中凍就，濃薑醋澆。」今把醉豬蹄及凍肉的做法，詳細說明于下。

選料：

1. 豬蹄一只（去淨毛。）
2. 干貝十只（用黃酒浸胖。）
3. 葡萄乾三十粒（用白葡萄乾。）
4. 百花酒一碗（上海紫陽觀有售。）
5. 醉蟹一隻（廣東店有售。——以上醉豬蹄的材料。）
6. 黃酒半碗（用陳紹興。）
7. 醬油四兩（用白醬油。）
8. 冰糖一兩（或冰屑。）
9. 五香料一包（用絹袋包好。）
10. 黃粉一盅（加淸水調和。——以上凍豬蹄的材料。）

做法：

（一）醉豬蹄

1.把鮮豬蹄洗剔毛淨，同干貝、葡萄乾、百花酒、及清水等煨煮七分熟。

2.次把醉蹄洗進，一同再煮，剔蟹已煨爛，蹄胖已全熟，即將蟹提出，上碗去吃。湯汁鮮淡，味美香厚。

（二）凍豬蹄

1.把豬肉入鍋加清水煎透，撩起，裝入瓦罐中，加黃酒、醬油、冰糖、五香料等煨煮極爛。

2.把骨拆去，將肉捺碎，再燒一透，將香料包取出，即加黃粉調和，然後盛于大盆中，放入冰箱中，一冰即成。若無冰箱，可以加黃魚膠三四錢同煮，吹冷亦成。

喫法：

1.喫醉豬蹄，可用辣醬油蘸食。

2.把冰凍成膏的肉切成方塊而食。

第九節 西瓜鴨

西瓜味甘平，無毒，主消渴，治心煩，解酒毒。瓤有紅白黃等色，味甜多汁，夏天可以消暑，所謂浮瓜沉李，佳人雪藕，公子調冰，昔嘗傳爲韻事。牠的種子，俗名西瓜子，可以炒食，蘇州觀前街釆芝齋賴以負盛名，即此物。昔契丹破回紇，得西瓜種。五代時，胡嶠居契丹，始食西瓜。南北朝時，陶弘景說，永嘉有寒瓜甚大，可藏至春間；按其時瓜種已入浙東，但無西瓜的名目罷了。據老于種瓜的農夫說，瓜藤蔓愈長，則其所生的瓜愈甜美。西瓜方熟時，必須翻易其處，以就日晒，則全瓜得光均，而甜味亦均。瓜田蓄水，尤須調匀，調匀則瓜大而美，每遇雨打風傷，發見萎藤，即當摘去，否則萎病蔓延，必礙及瓜的生長哩。瓜上常有細小班點，係螢等小飛蟲吮嘬之跡，非但無妨于瓜，且爲瓜美的特徵。西瓜除冷食以外，以蒸食雞鴨爲最雋。夏間果品，如荔枝等亦宜煮菜。荔枝別名水蠶，蘜雅名十八娘，爲粵閩名產，皮鮮紅，肉瑩潔如水晶，漿汁甘甜，香留齒頰，用以同鮮荷葉蒸鴨，尤爲令人神往，乃廣式酒家的名菜。今把西瓜鴨和荔枝鴨的做法，詳細說明于下。

選料：

1. 鴨一隻（約一斤。）
2. 西瓜一個（挖去大半個瓤。）
3. 南腿二兩（切片。）
4. 冬菇半兩（放透。）
5. 干貝十只（用黃酒放浸。）
6. 嫩筍衣少許（即嫩筍乾。）
7. 黃酒二兩（解腥。）
8. 食鹽半兩（或用精鹽。——以上蒸西瓜鴨的材料。）
9. 荔枝二十顆（用新鮮的，剝去皮核。）
10 白醬油一兩（或用蝦油。）
11 鮮荷葉一二張（去蒂。——以上蒸荔枝鴨的材料。）

做法：

（一）　蒸西瓜鴨

1. 把西瓜切去瓜蓋，挖去其瓤，放入盤備好的鴨子，及南腿片、冬菇、干貝、嫩筍衣，加黃酒食鹽，加以瓜蓋，用桑皮紙封好。
2. 上鍋隔水蒸透，見其瓜皮已呈黃色，即熟。

（二）蒸荔枝鴨

1. 用瓦缽一只，底上鋪荔枝肉，將宰好的鴨，調以黃酒、醬油、食鹽，放上，加些清水，上覆荷葉，加蓋罩住。
2. 移上鍋架，隔水蒸二小時，即可取食。

喫法：

1. 把西瓜鴨裝入洋盆內，啓蓋而食。其味極雋。
2. 喫荔枝鴨時，將荷葉棄去，清香四溢。

第十節　套鷄

套鷄是把鴿子套入野鷄腹中，再以野鷄套入鴨肚裏，加作料，用炭火煨成，亦稱三套頭。十餘年前，當安福系全盛的時期，他們的俱樂部裏，窮奢極慾，每吃一鷄，必犧牲數十隻的性命。他的吃法，即是用的套鷄法，法以大的鷄、中的鷄、小的鷄一起煮熟，將皮剝下來，一只一只的套進去，務須仍舊紮成一只全鷄狀，再行加料煮成，其味腴美無比，可開吃鷄未有之大觀。本節所寫套鷄的方法，既不如他們的靡費，但牠的味道，有過之無不及，今說明于下。

選料：

1. 鴨雞一隻（不要宿的。若是看見牠的眼睛低陷，即是宿久的形狀。）
2. 鴿子一隻（宰好。）
3. 肥鴨一隻（宰好。）
4. 葱薑少許（薑切片。）
5. 黃酒三兩（要陳的。）
6. 食鹽二兩（用白鹽。——以上三套頭的材料。）
7. 童子雞一只（宰好。）
8. 魚翅一只（用呂宋貨。）
9. 瘦肉四兩（切絲。）
10. 白菜二兩（切細條。）
11. 醬油三兩（用紅醬油。）
12. 葷油一碗（用豬油熬成。）
13. 白糖一撮（和味用。）
14. 眞粉少許（着膩用。——以上魚翅套鷄的材料。）

做法：

（一）三套頭

1. 把鷄、鴨、鴿去毛破洗潔淨。卽以鴿子套入野鷄腹中，再套入鴨肚裏，罐于瓦罐中，加水半鍋煨湯。
2. 湯沸以後，加進葱、薑、黃酒、食鹽等，用紙將罐口封好，然後以炭火燜三小時，卽佳。

（二）魚翅套鷄

1. 把鷄用黃酒、食鹽寬湯煮熟。
2. 一方面將魚翅用冷水浸透，後換熱水，浸一小時。用清水洗去沙質，用刀刮去筋皮，再用冷水浸放。待軟已發足，去其骨管，留其色帶淡黃而透明的軟翅候用。
3. 次把肉切絲，入熱油鍋煎透，下以黃酒、醬油及白菜條等，用文火煨熟，加些紅肉露，放進魚翅，略蓋燒片時，下以白糖、眞粉。
4. 和味以後，卽可納入鷄肚中，再加醬油、鷄肉汁緊湯煨爛，即可上席了。

喫法：

1. 用原罐入席，揭蓋喫食，別有風味。
2. 食時加些蔴油香味無窮。

秋令食譜

第一章 點心

第一節 巧果

相傳七月七爲乞巧節，舊式閨女，于是日極爲忙碌，除搗鳳仙花汁染紅指甲外，以巧果爲食品，并于夜間乞巧于庭中。荊楚歲時記記七夕婦人結綵縷穿七孔鍼，陳瓜果于庭中以乞巧，有蟢子網于瓜上，則以爲得。又天啓宮詞註，七月七日午間，曝盆水于日中，生膜，投針則浮，看水底針影，有成雲龍花草形者爲得巧，若如椎如軸者爲拙徵。唐時京師七夕，貴家多結綵樓于庭，謂之乞巧樓，見東京夢華錄。巧果一名粉巧，又稱花籃，形象不一，有的如花朵，有的如鳥獸，有的如龍蛇，都是七巧日的巧果。另有用白麵做的，名叫蘇葉，又名麵巧，味亦鬆脆。今把粉巧和麵巧的做法，詳細說明于下。

選料：

1. 白糯米粉二升（以細膩爲上。）
2. 白糖十兩（鹹的用葱屑合鹽。）
3. 芝蔴二合（卽胡蔴。）
4. 小粉少許（抦時用的。）
5. 素油一斤（菜油。——以上粉巧的材料。）
6. 白麵粉二升（卽乾麵粉。）
7. 黃糖七兩（融成糖汁候用。——以上麵巧的材料。）

做法：

（一）粉巧

1. 把白糯米粉加白糖，以溫呑水拌和，入鍋蒸熟，取出稍冷，用芝蔴夾小粉抦爽，以木棍切薄，用刀切成三四寸的方塊。
2. 次把方塊對摺成三角形，用剪刀向中角剪開成數條，（邊上不可剪穿）然後以中間二角向中縫穿過，對合揑緊，再以二端相合，再揑緊卽成。做畢晒乾，可以久藏。
3. 食時用油鍋燒熱，投入巧果坯，氽黃撈起，漏去油質方可。

(二)麵巧

1.把黃糖放在鍋中融成糖水,取起頂脚,和麵粉、芝蔴一同拌和,攤在桌上,用棍打薄爲度。

2.用刀切成長方塊,對摺剪成四條,用左手大拇指食指拿住中間兩條,右手取着一端穿入取出,卽可搦住兩端,捽成西裝横領結狀,然後入油鍋氽黃卽熟。

喫法· 粉巧麵巧均須待冷而食,方爲脆美。

第二節 赤豆糕

七月十五日爲中元節,吾鄉祭祀饗客,每用赤豆糕一物。赤豆高二尺餘,葉爲複葉,屬于穀類植物。夏日葉腋開花,色黃,花瓣爲蝶形,實成莢,長二三寸,子赤,故名赤豆。赤豆除做糕以外,可做豆砂,爲包糰麵餅食之用。法將赤豆煮爛後,以篩擦去皮,捺成沙,晒乾,貯放磁器中,可以久藏不壞。用時再將蔴油炒和,加熱水調勻,成糊漿狀,加白糖、桂花,自然滑潤而不致乾燥了。今把赤豆糕的做法,詳細說明于下。

選料· 1.赤豆二升(先行浸胖。)

2.白麵粉二升半(卽白乾麵。)

3.黃糖一斤半(或赤砂糖)

4.桂花少許(香頭——以上赤豆糕的材料。)

做法· (一)赤豆糕甲法

1.把赤豆洗淨,加水入鍋,緩緩煑爛。

2.次把麵粉和黃糖加入,用鏟調和,取起,盛盤中,用手揑成圓餅狀,卽成。

(二)赤豆糕乙法

1.把赤豆和水入鍋,加糖、用火燒爛。

2.次把麵粉桂花放下,用筷力攪,見其濃厚,便可盛起。

喫法· 待冷切片而食。

第三節 芋

芋俗稱芋艿，屬于地下莖的植物，葉似荷葉。一端有缺口，產于田中，分青芋、紫芋二種。八月中秋喫芋，民間有一段傳說：漢光武有一次被王莽的兵圍困在山上，不能討救兵，而且糧草也完了，急得沒有法子想。山下的敵兵，進攻益亟，便在山坡放起火來。不料火滅之後，山上頓時發出一種異香，掘出來原是芋，原是很好的糧食，就盡量的掘出來，于是光武的兵，飽餐了一頓，都覺精神百倍，立時殺下山去，突圍而出，轉敗為勝了。——這天就是八月半，所以後來光武帝每年要吃芋來作紀念。唐朝的時候，衡山寺裏有一個高僧，名叫嬾殘和尚；一天，李泌去見他，他正在喫芋，即取其半授泌，並且說：「勿多言，領取十年宰相！」後泌果為相。並且芋頭價廉，可以儲蓄備荒之用。聽說某處農家，有一個老婦，她每年總要積聚一二担芋頭，拿來磨成漿粉，在後院堆起短牆，日積月纍，大有可觀。家裏的子女，不明白她的道理，後來不隔幾年，忽然發生旱魃之災了，惟獨他們一家得免凍餒。原來他們到了束手無策的時候，她老人家就命牠子女，到短牆上掘一二塊下來，煮成薄粥，就可生活了。到此她的子女，方始明白她歷年儲蓄芋頭的道理。芋的產地，以廣西荔浦芋為最美，質鬆而味香，重的約二三斤。其次龍潭芋，比普通大二倍，亦有一番滋味。今把芋的做法，詳細說明于下。

選料：

1. 芋艿子一斤（放石臼內，用器舂去其皮，（大的切成小塊）養在水中候用。惟芋汁浸入皮膚容易發癢，勿多接觸為是。）
2. 黃糖半斤（用赤砂糖烊成糖汁，去脚候用。）
3. 蘇枋木少許（色紅，即蘇木，水中式藥店有售。）

——以上糖燒芋艿的材料。）

4. 荔浦芋一斤（洗淨。）
5. 甜醬一碗（加熟花生油調和。——以上煮荔浦芋的材料。）

做法：

（一）糖燒芋艿

1. 把去皮的芋艿子加黃糖水入鍋，再下清水適度，燃火煑透。

2. 煑三四透，加蘇枋水，改用文火爛燜，顏色鮮紅無比。

（二）煑荔浦芋

1. 把鍋中滿盛冷水，置芋其中，視水沸起，看正時刻，再煑一點鐘之久。

2. 如芋過重，須多煑半點鐘之久，到時取出，連皮切開，放入盆中。

喫法：

1. 糖芋艿加桂花少許。

2. 喫荔浦芋最好淡食，很滋補，或用甜醬蘸食。

第四節　月餅

「月到中秋分外明，」在詩人的口裏吟出來，中秋的明月，是何等地可愛啊！八月十五，俗稱中秋節，有齋月宮之舉。天寶遺事云：『明皇與申天師，中秋夜，遊月宮』，這是民間傳說月宮的故事。這個故事，現在流傳的最普遍，請看廣式的月餅匣上，繪了一幅月宮圖，道裝的是申天師，另有一人，卽是唐明皇了。照這幅圖上看來，吃月餅的起源，或者始于唐明皇的時候，亦未可知？其他關于月餅的歷史，很難查考，曾在前人筆記裏頭，發現這麼一段故事：「朱洪武起義，劉伯温以舉事日期製諸餅內，分贈各人；」這樣利用月餅，足見劉軍師的才識過人，但是這仍不能視爲月餅的起源，因爲吃月餅的年代，比較要古一點了。我們在中秋這一夜，但見家家焚香斗，燒銀燭，桌上供了許多藕呀、菱呀、月餅呀、柿子呀、一類的東西，諸位小弟弟、小妹妹，都要出去走月亮，看月華，亦是游玩夜景的唯一好方法。詩人見了，一定要吟出不少的不朽詩歌來，有的是快樂，有的是傷感，嘗讀雲農漫鈔吳中舟師歌云：「月子彎彎照九州，幾家歡樂幾家愁，幾家夫婦同羅帳，幾箇飄零在外頭。」不禁「歎觀止矣！」月餅的派別雖多，但是歸納起來，不外廣派和滿派，尤以蘇派最受吾人歡迎，其他如北平的乾菓，揚州的火腿，平湖的棗泥，蘆墟的細沙，口味分量，亦都合法，至于廣式月餅，價廉的食之雜合（音葛）無味，價貴的有至百元以上，

心一堂　飲食文化經典文庫

太奢移，非一般平民所宜，所以內地銷售不廣。今把月餅的做法，詳細說明于下。

選料•

1. 乾麵粉一斤（用上白的。）
2. 葷油二斤（用豬油熬好。）
3. 腿花肉一斤（同以下各物斬細候用。）
4. 火腿四兩（用雲腿。）
5. 葱五枝（用靑的。）
6. 黃酒一兩（用陳紹興。）
7. 醬油一兩（用濃醬油。——以上蘇式月餅的材料。）
8. 麵包粉一杯半（研細。）
9. 葡萄酒一匙（少許。）
10 六穀粉一杯（卽玉蜀黍粉。）
11 鷄蛋五個（新鮮的。）
12 白糖六兩（用潮州蔗糖。）
13 棗泥一大碗（用烏棗去皮去核，加水入鍋煨極爛，連汁搗泥，加白糖製成。這是——廣式棗泥月餅的材料。）
14 蓮蓉一大碗（用湘蓮製成。——這是廣式蓮蓉月餅的材料。）
15 豆沙一大碗（用菉豆仁成。——這是廣式豆沙月餅的材料。）
16 五仁一大碗（用杏仁、橄欖仁、瓜仁、蔴仁、核桃仁等製成。——這是廣式五仁月餅的材料。）
17 蛋黃一大碗（用整個鷄蛋黃。——這是廣式蛋黃月餅的材料。）
18 鷄絲一大碗（用嫩鷄煮熟撕絲候用。——這是廣式鷄絲五仁月餅的材料。）

做法•

（一）蘇式月餅

1. 把乾麵分爲二份，一份十分之四，一份十分之六。四份之中用七份油，三份水拌得軟轉爲度。六份之中，用三份油，七份水，也要拌得軟轉爲度。
2. 次把所拌的粉搓長，都要摘成小塊，兩數必求相等。再以大的包裹小的，搓成圓形，用手捺扁，取趕鎚趕長，便卽捲轉，好像竹管，將他豎直，用手捺扁，中間包以肉餡（或用百菓、夾沙亦佳）四面揑攏，再用手稍爲捺扁些，卽成月餅，蓋以紅色圖記。

3. 將月餅攤入烘缸，燃火烘熟，待他四面都黃，不可烘焦，卽熟。

（二）廣式月餅

1. 把葷油和白糖清水調勻，置入鍋中，燒沸，放進麵包粉及葡萄酒。再用鏟調和，投以六穀粉，再將蛋白打和傾入。

2. 然後用洋鉄蒸盤一隻，盤內先抹葷油，將鍋中物料注於盤的四周，用棗泥（或用蓮蓉等材料）加足于中央，再注物料，務須均勻爲度，烘黃卽成。（在烘月餅的爐底，須鋪以生鹽混合碎玻璃的泥質，燃料採用木柴，這樣烘法有保持標準溫度的功用，決無生熟不勻的弊病了。）

喫法：用刀切瓢而食。

第五節　玩月羹

中秋玩月，進玩月羹。玩月羹是把藕粉、生梨、葡萄肉、桂圓肉、蜜棗等等做成，他的味道香甜，四溢雅爽宜人，並入口消釋，爲止咳解煩釋渴的美果，頗有清心益智之妙。昔在童齡時，嘗于玩月歸來，向祖母索食此羹，此中況味，至今已不可多得。現今我的祖母已八十三歲了，精神雖然矍鑠如恆，但是久在作客的我，再不能享此清福了。材料中藕粉以西湖白蓮藕粉爲上，葡萄酒、桂圓肉、蜜棗等亦須加以選擇完好爲佳；至于生梨種類很多，有雅兒、油秋、靑梨、木梨的分別，惟以產自山東萊陽、河北河間爲良，因爲這兩個地方產梨特別甜嫩，所以很能當得起宋代張敷所說的「梨爲百果宗」的名稱。今把玩月羹的做法，詳細說明于下。

選料：

1. 藕粉半杯（用潔白的。）

心一堂　飲食文化經典文庫

2. 生梨二只（削皮切片，並去其子）
3. 葡萄乾一盅（用紫色的。）
4. 桂圓十個（去殼及核。）
5. 蜜棗五個（去核浸胖切絲。）
6. 冰糖一兩（用文冰。）
7. 對丁少許（俗名紅綠絲。——以上梨羹的材料。）
8. 蓮子半兩（用湘蓮，泡以沸水，去皮及心。）
9. 黃實一兩（泡浸。）
10 鮮菱五六只（去殼，把肉切碎候用。——以上蓮羹的材料。）

做法：

（一）玩月梨羹

1. 把梨片加清水煮透，下以冰糖，以融化為度。
2. 次把葡萄乾、桂圓肉、蜜棗絲等物放入同煮十數分鐘。
3. 然後把藕粉加水攪勻，再冲入鍋中，用鏟調和，不可停手至二三分鐘後，即可盛起供食。

（二）玩月蓮羹

1. 把蓮子同黃實入鍋，加清水先行煮爛。
2. 即把菱塊、桂圓肉、蜜棗、冰糖等加下，待爛盛起。

喫法：

1. 食梨羹時，碗內放調羹一把，上面再加對丁，鮮紅碧綠，非常美觀。
2. 食蓮羹時，可酌加檸檬汁少許，特別香美。

第六節 酒釀餅

蘇州的吃，最講究。住在蘇州的人，最有口福。玄妙觀裏五芳齋的排骨、小籠饅頭，春和館的炒麵，小有天的酒釀圓子、八寶飯，徐正興的豆腐漿。觀前街上，黃天源的湯糰，觀振興的蹄膀麵，安平粥店的鷄鴨粥。北局裏鴻興館的白湯餛飩，瀛聚軒的斗糕。這三個地方可稱吃的區域。至於附近的宮巷裏，以周萬興的酒釀餅為最著。酒釀餅的原料是用酒釀和白麵製成，內夾以豆沙、豬油，面上散以芝蔴少許，分玫瑰、薄荷、豆沙、棗泥四種，售價的五十六十兩種。我在蘇州當世界書局編輯的時候，每晚五時工作完畢，常至宮巷購食，緩步當車，且行且吃，別具風味，因爲酒釀餅非熱食不可，予之不苟小節如此。今把酒釀餅的做法詳細說明于下。

選料：

1. 乾麵二升（用白麵粉）
2. 甜酒釀一鉢（製法詳見夏令點心第一節）
3. 鹼水少許（將食鹼冲水候用）
4. 玫瑰醬一碗（用玫瑰花白糖漬成。——以上玫瑰酒釀餅的材料。）
5. 豆沙一碗（用赤豆炒成。）
6. 豬油小塊一碗（用白糖漬好。）
7. 白糖六兩（用潔白的糖。）
8. 黑芝蔴少許（敷在酒釀餅外面用。——以上豆沙酒釀餅的材料。）

做法：

（一）玫瑰酒釀餅

1. 把麵粉和入甜酒釀，稍加清水拌和，洒些鹼水，放置片時。
2. 待他發酵，卽可搓長，切成小塊，用手捺扁，包入玫瑰醬、豬油和白糖，搓圓捺扁入平底鑊（加些油質）烘透二面黃可食。

（二）豆沙酒釀餅

1. 把麵粉加白酒脚拌和，放以清水，亦能發酵。
2. 將已發酵的粉搓長條，摘小塊，用豆沙、豬油、白糖包成餅子，黏些芝蔴，烘黃卽佳。

喫法：

冷食不如乘熱爲佳。若已冷再蒸，則味道粗硬而不順。

第七節 菱

烏程汪曰楨的湖鴉（光緒庚辰，公元一八八〇年出版）卷二講菱的一條說「仙潭文獻『水紅菱』最先出，靑菱有二種，一曰『花蒂』，一曰『火刀』風乾之皆可致遠，惟火刀耐久，迨春猶可食。因塔村之『鷄腿』，（按或係鷄豆卽鮮黃之音誤。）生噉殊佳；柏林圩之『沙角』，熟瀹頗勝。鄉人以九月十月之交撤蕩，多則積之，腐其皮，如收貯銀杏之法，曰『閩菱』「又范寅越諺（公元一八八三年）卷中大菱一條說『老菱裝篰，日澆去皮，冬食，曰『醬大菱』，老菱脫蒂沉湖底，明春抽芽，攙起，曰『攙芽大菱』，其殼烏，又名『烏大菱』，肉爛殼浮，曰『氽起烏大菱』越以譏無用人。攙菱肉黃剝賣，曰『黃菱肉』。老菱晾乾，曰『風大菱』。嫩菱煮滾，曰『爛勃七』。」以上兩書對于菱的名稱分別清楚，不可多得。嘗讀爾雅至『莕』字（或寫作荇）毛注：接余也。詩云「參差荇菜。」疏：「接余其葉白，莖紫赤，正圓徑寸餘，浮在水上，根在水底，與水深淺「等。」余意，卽菱芰也。」嘉興南湖以蘆菱著名，我在去年秋末，曾遊煙雨樓，可惜其時菱已老，不堪食，不能享此口福，眞是引以為一件憾事。到了第二次去，正在隆冬時候，大雪紛飛，風景宜人，惟此物更不易得，祇能遙訂後約而已。據人家說，菱質性堅，俗有菱鐵之稱。多食消化不易，足以致病，法以桐油少許吞食可解。今把菱糕和黃實糕的做法，詳細說明于下。

選料：

1. 紅菱一斤（用新鮮的。）
2. 乾麵半升（用細白的。）
3. 文冰六兩（或冰屑。）
4. 桂花米一匙（香味，——以上蒸紅菱糕的材料。）
5. 鮮黃實一斤（卽野鷄豆。——這是蒸黃實糕的材料。）

做法：

（一）蒸紅菱糕

1. 把紅菱剝殼去衣，置石臼中，用杵舯爛，（卽舂爛）候用。
2. 取起，和以乾麵、冰糖屑、桂花米及清水等拌就，上鍋架蒸透，其美絕倫。

（二）蒸黃實糕

1. 把鮮黃剝去其殼，亦如上法搗爛。
2. 加入麵粉、冰糖屑、桂花米等拌和以後，裝進小蒸籠中，乃上鍋蒸透，至熟可食。

喫法：

1.食時以刀切小塊，裝入盆內，用銀叉取食。

2.記得在「羈貫」的時候，吃起煮熟的青菱來，常剝去其皮，用挖耳在菱底刺孔，緩緩挖食菱肉，以挖盡爲度。然後將上端對穿一洞，敷以蘆衣，其聲烏烏，俗稱菱笛，煞是好玩。

第八節　山楂

山楂一名紅果，味酸，是漿果的一種。實有紅黃二色，大的如林檎，小的稱棠梂子。自福建人發明山楂糕，嗜食的人很多。其實製法不難，儘可自造。其他如橙糕、糖山楂、煎楂糕、楂酪羹等，味亦酸甜可口，今一併說明牠的做法于後。

選料：

1.山楂漿一大海碗。（把紅果煮爛，捺去其子，用絹袋瀝取其汁，棄皮及屑，卽成。）

2.白糖一斤二兩（分兩次用。）

3.可食色素少許（如無毒紅色水等。）

4.瓜仁若干粒（黏在糕面用——以上山種糕的材料。）

5.橙汁一大海碗（用橙果製成。）

6.橘皮少許（煎汁後，卽行棄去。）

7.黃梔水少許（或用其他可含色素，如香蕉汁等。——以上橙糕的材料。）

8.紅果二十枚（或用松子仁，卽名糖松子。）

9.豆沙一杯（用赤豆炒成。）

10桂花米少許（香料——以上糖山楂的材料。）

11山楂糕十塊（切成小塊。）

12鷄蛋八枚（同麵粉調勻。）

13乾麵一撮（加些眞粉調和。）

14葷油半斤（油煎用。——以上煎山楂的材料。）

15白糖二匙（或用車糖、方糖。）

16可可粉一匙（或咖啡代用。——以上山楂羹的材料）

做法：

（一）山楂糕

1. 把山楂漿汁和以白糖三分之一，調勻爲度。
2. 另把餘下白糖放入銅鍋中，加清水煎透，灌入山楂漿中，略加可食紅色素，急用器搗和。
3. 搗和以後，澆進長方形的平底盤內，等到凝結成塊，用刀片劃作一寸見方的塊塊，或作菱形亦可。
4. 每塊面上加西瓜子肉一粒，裝以錦匣，舖上薄紙，蓋面可送親友。

（二）橙糕

1. 把橙汁加糖三分之一調和。
2. 把橘皮和黃梔子加水煎汁，然後棄去橘皮梔子，將汁注入橙汁中。
3. 再把餘下的糖加清水入鍋煎沸，亦澆進橙汁中和勻。
4. 然後將汁傾入盤中，待他凝結，劃成小方塊，供食。

（三）糖山楂

1. 把紅果浸入開水中，去其皮，晒至半乾。
2. 用刀剖開，挖去其子，嵌以豆沙，即穿于竹籤上。

（如用松子肉，即可穿于竹籤上。）

3. 然後將糖鍋煎透，酌加桂花米約煎一刻鐘，糖汁漸濃，即以穿好之紅果浸入，少時取出，紅果上已滿沾糖汁了。

（四）煎山楂

1. 先把鷄蛋打和，加以眞粉、麵粉拌勻。
2. 次把油鍋煎熱，以調羹取楂糕小塊，入蛋汁浸透，便即超起，放于鍋中，煎稍黃，即可盛于盆中。

（五）山楂羹

1. 把山楂糕一塊，置于杯中。
2. 加白糖、可可、桂花米後，即以滾水冲下，用筷調碎而食。

喫法：

1. 山楂糕宜冷食，用叉勿用手。
2. 橙糕吃法同。
3. 糖山楂冷食最妙。

4. 煎山楂應乘熱,鬆酸可口。

5. 山楂羹的味道勝于咖啡茶,飯後進食,易助消化。

第九節 米花糖

米花糖俗名棉花糖,或以其潔白而得名,是把白糯米放在多量的葷油裏,煎熬得鬆脆了,再用飴糖拖黏集攏來,做成一塊一塊,面上鋪以洋白糖一層,用薄片刀切開,他的味道以鬆脆勝,若是貯藏得不好,吃起來就要「丁牙齒了」。我們在晚上肚子有些微餓,把他當點心吃,是最好沒有了。此外還可以把他放在開水裏泡過,吃起來也不需要用牙齒,而另有一種酥香的滋味,那是沒有牙齒的老婆婆和小孩們所最歡迎的。另有一種小米糖,我記得蘇州玄妙觀裏花樣極多,亦夠味。今把米花糖和小米糖的做法詳細說明于下。

選料:

1. 白糯米二升(細碎的不佳。)
2. 葷油二斤(將豬油熬成。)
3. 飴糖一碗(即餳糖。)
4. 白糖一斤(用潔白的。)
5. 桂花米少許(香料。)——以上米花糖的材料。
6. 黍米一升半(俗稱小半子。)
7. 胡桃肉一兩(去衣。)
8. 瓜子肉一兩(揀全粒的。)
9. 對丁半兩(即紅綠絲。)——以上小米糖的材料。

做法:

(一)米花糖

1. 把揀淨的糯米淘好,吹乾,候用。
2. 次把油鍋燒熱,即以糯米倒下煎熬,須用器時時播動。
3. 然後再用飴糖拖黏集攏來,做成一塊一塊,上面鋪上淨白糖,要攤得平勻,加些桂花米。
4. 最後用刀切片,約四五分闊,貯于罐中;或包成長方形,藏于石灰甏中,隨時取食。

（二）小米糖

1. 把黍米先行炒熟，取起候用。
2. 再把白糖入鍋加水煎透，徐徐煎至濃厚，待他牽絲後，即可應用。
3. 把炒好的黍米放于盤中，用糖漿倒進拌和，用木板稱平面上，鋪以胡桃肉、瓜子肉及對丁等物，取出放于板上，用刀切成條塊，再切成片。即可食了。

喫法： 喫米花糖宜佐以清茶一盞。

第十節 重陽糕

九月九日為重陽令節，相傳是古時桓景登高避難之日。魏文帝與鍾繇書云「九為陽數，而日月並應，俗嘉其名，以為宜于長久，故以享宴高會。」所以插茱萸、登高、飲菊花酒、喫重陽糕，這些都是民間沿習下來的重九風俗。讀孟浩然詩：「待到重陽日，還來就菊花。」杜甫詩：「舊日重陽日，傳杯更放杯。」都是重陽宴會之作。又讀王維詩「獨在異鄉為異客，每逢佳節倍思親；遙知兄弟登高處，遍插茱萸少一人！」是多麼傷感啊。我因為好幾年不喫故鄉的重陽糕了，每逢重陽，我就有王摩詰賦詩一樣的感想，雖然感想的出發點不同，但感慨的情調是一樣。今把重陽糕的做法，詳細說明于下。

選料：

1. 栗子一斤（用新栗子。）
2. 黃糖一斤（能用赤砂糖更好。）
3. 糯米粉三升（即糕粉，先用白糯米搽好，以粗眼篩子篩勻。）
4. 松子肉半兩（用在糕面上。）
5. 瓜子肉半兩（同上。——以上素重陽糕的材料）
6. 白糖一斤（白糕用白糖，黃糕用黃糖。）
7. 葷油一斤（甜的用甜油酥，鹹的鹹油酥。）
8. 芝蔴三合（白糕灑白芝蔴，黃糕灑黑芝蔴。）
9. 熏青豆百粒（用茅豆熏成。）
10. 棗子二十片（用烏棗切片。）

心一堂 飲食文化經典文庫

11青梅絲少許（用糖青梅切成。）

12紅綠糖絲少許（即對丁。）

13菱白絲少許（用菱白切絲。——以上葷重陽糕的材料。）

做法：

（一）素重陽糕

1.把栗子入鍋加清水煮熟，去其皮殼，以爛爲度。

2.用鏟搗碎，和入黃糖、糯米粉，移上鍋架蒸煮。

3.糕面再加黃糖、松子肉、瓜子肉等物，關蓋蒸熟可食。

（二）葷重陽糕

1.把糖拌入糯米粉，鋪進籠內，糕粉先鋪三分許厚，片葷油調入細粉加白糖製成油酥，也鋪進籠內，再鋪上糕粉三分許，用筷子括平，稍洒微水，用刀劃寸許闊斜紋，再交切斜紋，成斜方格形。

2.次把芝蔴洒上一薄層，（不可多洒，以致掩沒丁糕粉。）上面于是加上重青豆、栗子、（分片約二三十片棗子，青梅絲及紅綠絲、菱白絲等，將蒸籠置放鍋上，約蒸四五十分鐘，糕便熟了。

喫法：

把糕切成菱形塊或方塊，堆置盆中，上加銀叉一枚，以便取食。

第二章 冷盆

第一節 茅豆

茅豆莢長寸餘，有毛，亦作毛豆。在夏天下種，秋初開白花，結實後，即可摘食；及經霜乃枯，可以收藏了。茅豆與黑豆、黃豆、白扁豆、褐豆、青豆等均屬大豆類，可以榨油、製腐、造醬、成豉，爲日用要品，吾國各省都有，惟以關外產額尤多。當收採的時候，或因產量過多，一時喫不完，可以煮熟略加鹽質，晒乾貯藏，即名茅豆乾，作孩童小食，百食不厭，可以敵過花生米。今把茅豆的做法詳細說明于下。

選料：

1.茅豆半斤（將茅豆莢的兩端，用剪子剪去。）

2. 食鹽二兩（或者熟後取醬油煎食）。
3. 黃酒少許（香頭——以上爊茅豆的材料。）
4. 青辣椒四兩（在去子後，用溫水揑過，可以稍減辣味。）
5. 菜油三錢（或用其他素油。）
6. 豆腐乾五塊（用香豆腐乾。）
7. 醬油三錢（酌加食鹽少許。）
8. 白糖少許（和味用。——以上炒茅豆子的材料。）

做法：

（一）爊茅豆莢

1. 把剪好的茅豆莢洗淨，加清水入鍋煮爛。
2. 加下食鹽，并下黃酒一透以後，即可供食。

（二）炒茅豆子

1. 把辣椒切開去子，再切成細絲，浸于水中。再把香豆腐干亦切細絲，茅豆莢剝殼取子略煮熟候用。
2. 然後把辣椒倒入熱油鍋中炒片時，放下茅豆子、腐乾絲、醬油、清水等，再燒片時，酌加白糖少許，便可起鍋加蔴油上菜。

喫法：

1. 食時用糟油蘸拌牠。
2. 葷的用豬油絲同炒。

第二節 秋蔬

秋菘一名白菜，分青白二種：青的名箭桿白，其莖圓厚；另有名蔓青菜的，其色青葱可愛。白的名黃芽菜，其莖扁薄，產于膠州地方的，叫膠菜，在北方有盛名；北平則以安肅白菜為珍品，肥香美嫩。黃芽菜最晚收，于五月下種，六月畦栽，霜後採食，故有秋末晚菘之說。北平黃芽菜，莖直心黃，堅束如捲，土人專稱為白菜，蔬食甘而腴，作鹽虀尤美；其根宿在土中，至春生苗，謂之唐白菜，蔬食亦妙。此外尚有小白菜、捲心菜、烏菘、菊心菘等，均為秋蔬中的佼佼者，常食和中益氣，令人肥健。凡遠客他方的人，先煮豆腐菜湯食，則無不服水土病。總之，以上各種，可稱最有益于人的菜類；吾人宜常作餚菜來食，他惟不宜效法張競生博士的所謂自然主義——卽生命法，因爲菜類不經過適宜的烹飪法是有危險性的。令人發笑的，他于菜類中歷舉「力地」「羅孟」「西哥肋」「皮鬆里」「馬亥」等等名目，是否可以移種中國，尚且發生問題。何況吾國的菜類植物正要比較西洋多得多哩，並且活力素（他稱生素）未必見得太壞，何至于仰求于西方，這種咭噧囉哆的名稱呢？（博士的用心苦矣！）最不可解的，是把植物油生用而食，不知植物油如菜油、豆油等，若是熬煎不透，就要發生油腥氣，不堪下嚥，怎麽可以生食呢？除非是博士的胃口在生理上有特別構造，然而何至于此呢？更其荒謬的，他說的「植油油如干淨，生用可也；如太髒就熬煎過也無妨」一段話，令人殊屬不解，因爲既說是太髒，儘可不用，以合衞生，何至于勉強將就呢？我要在這裏總說一句話：張博士對于性史方面，尚且配得談談，若要來談這種的飲食自然主義，眞是謝謝一家門吧！今把秋蔬的做法，詳細說明于下。

選料：

1. 白菜半斤（用膠菜）。
2. 食鹽半兩（細鹽）。
3. 白糖一兩（上白糖）。
4. 陳醋二錢（用鎮江醋）。
5. 蔴油少許（香頭）。——以上醃白菜的材料。
6. 蔓菁菜四兩（或用小青菜）。
7. 百葉四張（用熱鹼水泡嫩候用）。
8. 醬油一兩（用白醬油。——以上拌蔓菁菜的材料。）

做法：

（一）醃白菜

1. 把白菜剝去外葉數層，純取其潔白菜心，用刀切屑。
2. 拌以食鹽。揑和。隔了片時，再以白糖、陳醋一同拌和，卽成。（葷的加開陽同拌。）

（二）拌蔓菁菜

1. 先把鍋中清水燒透後，將菜倒入焯熟，卽行過清，擦以食鹽，擠去汁水，用刀切細，用蔴油拌透候用。

2. 再把百葉泡輭，用食鹽捏過，將水過清，同菜裝進盆內，再加白糖醬油等，可食。

喫法：

食時均放蔴油。

第三節　熏魚

魚生產于水鄉，是一樣很美味的東西。我們住在江南，尤其是產魚之區，眞是口福無窮，一年四季，食魚的時候很多，不像甘肅古里地方的居民，因爲該地產魚極少，所以視魚類當作山珍海味一般。再他們有奇異的風俗，在未吃魚之前，先要祭過魚神，當在魚神的面前，將魚切做三段，分三頓吃完；吃的時候，還要先做禱告，和基督教徒感謝上帝一般，不過他們的禱告是很簡單的，只要魚神不將骨頭鯁在他們的喉間就算了。往往古里市上的魚販，用紅紙剪成魚的模樣，黏在魚身上，買魚的人，將魚攜到家裏，就得把這張滿貼有腥氣的紅紙揭下來，高貼在大門上，名謂避邪，實則不啻在誇張他家的口福吧了。我們再談到法國巴黎人的風俗；他們在耶穌聖誕前，每星期三五，普通都是吃魚的，但過了五月一日，便沒有大的活魚吃了，一直要到七八月，這或許是宗教上捨生的關係？本篇所述熏魚，是有異味的評語，「異味熏魚」四字，彷彿婦稚皆知，在魚類的吃法中，堪稱獨步。所以一到秋末冬初的季節，如青魚、鯤魚等，都已長成，拿來自行熏製，其味無比，比較稻香村的熏魚，要來得價廉而又鹹淡適中，無過甜過淡之弊。今把熏魚的做法，詳細說明于下。

選料：

1. 青魚二斤（不論鯤魚、白條魚、鰟鮍魚、塘鯉魚、敲子魚、黃魚、帶魚、鰣江魚，都可用。）
2. 黃酒四兩（用紹興酒。）
3. 醬油四兩（濃醬油。）
4. 食鹽少許（不可太多。）
5. 葱薑少許（湑浸及煮葱油用。）
6. 白糖一兩（和味用。）

7. 菜油一斤（煎爆用。——以上熏青魚的材料。）
8. 鯽魚一斤（春夏二季、鯽魚肉瘦，不宜熏製。）
9. 沙糖半斤（即赤砂糖。）
10 茴香末一兩（研細。）
11 甘草末三兩（研細。）
12 蔴油四兩（塗魚用。——以上熏鯽魚的材料。）

做法：

（一）熏青魚

1. 把青魚肉對破成二大片。洗淨後；再橫切成狹長的薄塊，用黃酒、醬油、食鹽及葱薑等浸漬十二小時。
2. 再把油鍋燒熱，以魚片投入，爆透撈起，擱于鉄絲架上，滴去油汁。
3. 然後把熏缸燃火，將杉木屑及小茴香末放進，使緩緩生煙。缸上放黃籃一隻，將魚片平鋪其上，熏製時時拭以葱油液（即以菜油、醬油、白糖及葱屑煎成。）并注意翻身，以防枯焦，約一二翻身即好。

（二）熏鯽魚

1. 把鯽魚除淨，浸漬法仝上。
2. 油煎法亦同。
3. 然後把粗草紙蘸油，資先攤鍋底，再用沙糖、茴香末、甘草末拌和放下，上罩鉄絲架，把魚鋪好，遍塗蔴油，關上鍋蓋。
4. 在灶內燃火，鍋中發出香氣，沖騰魚上，以黃為度。

喫法：熏畢，藏于瓷缸中，隨時取食，或用肉鬆等，裝成合錦盆上席。

第四節　帶魚

帶魚產于海中，形如帶，故名。大的長五六尺至尾而尖，無鱗，有強齒，背鰭連續甚長，與元人所稱乞里麻魚相彷，惟帶魚腹白背淡青，而乞里麻魚則脂黃肉稍粗的相異吧了。市上帶魚有兩種，鹹帶魚終年都有鮮帶魚在深秋上市，鮮帶魚宜用紅燉法，鹹帶魚宜用煮煎法。在洗帶魚的時候可用毛刷刷洗，則工夫省而易洗淨，這是不可不知的方法。今把帶魚的做法詳細說明于下。

選料：

1.鮮帶魚一尾（切成二三寸長的段候用。）

2.黃酒二兩（解腥用。）

3.醬油二兩（用白醬油。）

4.食鹽少許（少用為是。）

5.豬油半兩（切成骰子塊。）

6.生薑少許（切片。——以上燉鮮帶魚的材料。）

7.鹹帶魚一尾（切段後，劃縱橫斜方塊的紋路。）

8.菜油六兩（煎爆用。——以上煎鹹帶魚的材料。）

做法：

（一）燉鮮帶魚

1.把帶魚破肚洗淨，切作長方塊，放于大海碗中，

2.加黃酒、醬油、食鹽、豬油、生薑等作料，略加清水，上飯鍋燉熟而食。

（二）煎鹹帶魚

1.把鹹帶魚段切成斜形紋路，投入熱油鍋內煎至極透。

2.傾下黃酒，以解腥味，以鬆黃為度。可以久藏不壞，最合經濟。

喫法：鮮帶魚如喜食紅燒，以凍食為佳。惟鹹帶魚最宜咀嚼，極過飯。

第五節　鱸魚

鱸魚出產的地方極多，每于七八月間，生產最多，小的長數寸，大的約尺許，這是俗稱做打水鱸。惟松江的四鰓鱸，馳名古今中外，推為雋品。產期較打水鱸為遲，約于霜降後始見，冬至前後乃盛行于市。其身長僅四寸，腮的四周，發現紅紋，頭頰鼓起，猙獰可憎，在冬至前腹中無子，最貴，味亦逾常。父老相傳，

1.松江四腮鱸數尾（打水鱸次之。）
2.醃肉湯一碗（不論加香肉火腿等燴成的湯。）
3.黃酒一兩（解腥用。）
4.冬筍四五片（切成薄片。）
5.蘑菇五六只（用酒放過。）
6.粉皮二張（切條後用熱水過淸。）
7.食鹽少許（嘗醃肉湯鹹淡而定。）——以上煨鱸魚的材料。）
8.鷄湯一碗（用淸鷄湯。）
9.葱薑少許（葱打結薑切片。）
10豬油少許（切小塊。）
11雪裏蕻半兩（斬細屑。——以上煮鱸肺的材料。）

做法：

（一）煨鱸魚

1.把鱸魚的薄皮撕下，用筷由其腮孔通入，攪去肚雜，洗淨候用。

此魚產地在松江西門外三里的秀野橋河中，爲他處所無。三國志左慈云：「天下之鱸皆兩腮，而松江之鱸具四腮。」神仙傳云：「松江出好鱸魚味異他處。」晉書張翰傳有「秋風起因念鱸膾等羹之美，遽命駕歸」的事情，一經詞家品題，聲價因之十倍。至于蘇子瞻所說「巨口細鱗，狀如松江之鱸」實則四腮鱸，自頭至尾，祇有類似薄膜之皮，有鱗似指打水鱸而言。松江四腮鱸的產量可說也不少：據說呂純陽過松江，食鱸魚而稱美不置，并且也說道「物希爲貴，數年後稗大盛，味必遜」乃以術使歲歲不再有增減，這是不經之談。我們如果要帶四腮鱸到異鄉客地去，切不可盛于水中，只須放在礱糠或木屑當中，裝入竹筐內，可以一個星期不會死，大約是他的肺部特別發達的緣故吧？我們在烹調以前，切不可刀割，刀割則連皮同去，並且有黏液牽連，食之無味了。豫備的方法，只要把附着身上的薄膜撕下，乃佳，今把四腮鱸的做法，詳細說明于下。

2. 次把濃厚的醃肉湯置于火鍋煎沸後，乃將鮮潔的魚炊入再下黃酒、冬筍、蔴菇、粉皮條及食鹽少許數透取食肉豐味腴潤而不膩。

（二）煮鱸肺

1. 把鱸魚純取其肺，洗淨放于碗內。

2. 次把鷄湯煮沸，先以魚及葱薑倒入煮數透，再以肺及豬油、火腿、冬筍、雪裏蕻、黃酒、食鹽等放下，用文火緩煮即熟。

喫法：熟後，或切之爲膾，肉白如雪，無腥，所謂金齏玉膾，堪稱東南嘉味。

第六節　蟹

金風送爽，玉露生涼，正是我們「持螯賞菊」的季節。我們試翻開一部晉書，名士如過江之鯽，他們一個個都是風流蘊藉，才識過人。我們讀了晉賢「瑰意琦行」的逸事，莫不令人響往。其中以畢卓有下面的一段快語，最能了解人生的究竟，他說「右手持酒杯，左手持蟹螯，便足了過一生」是何等地痛快啊！我在補充着說：「蟹之與酒，酒之與詩人，可成一連綴名詞，當更痛快更有意思哩。」講到蟹的產地，居住在上海的人們，大都只知說崑山陽澄湖的紅毛蟹，堪稱獨步，不知內地美蟹真多哩，例如吾邑（常熟）的潭蕩金爪蟹，無錫的玉祁蟹，丹陽白雀溪玉爪蟹，嘉定公孫涇黃泥涇的工字蟹，王字蟹，都是蟹的特產地。蟹的捕法，分別言之，有蟹簖、蟹箱、蟹繩三事。蟹簖在內河編竹爲排，橫障河道，設柴棚守捕，並裝蟹鈴以察蟹的有無。近數年來，內河汽船盛行，設簖足礙航路的進行，乃代以蟹繩，繩的製法頗費手續，始用稻草雙股，絞成長索，入水浸透，然後置河濱灘上，盤爲一圓堆，作螺旋形而空其中，中置牛糞及蕭艾等物，燃火熏着，及夕復投繩于河浸濕，明日再取出熏着，如是朝熏夕浸，歷半月之久，而蟹繩即可用了，于是投于河而可以使沉，橫障河底，南向一端，離岸數尺，蟹來聞繩臭味，即不敢進，必紆道向此端空處行，而蟹箱適當其衝。箱以木板做成，其上有觸鬚出水，蟹入則鬚動，漁人急探手於箱而捕捉，如能第一只不失利，則無腸公子源源而來了。蟹的食法以蘇人爲最拿手其法先去其殼將黃的上面現有深青而帶褐色的薄膜用指分析剝落此時「蟹苔」現出作六角狀俗稱「六角蟲」或云「蟹勝」或名「蟹髗」近且有人發明謂之「蟹胆」雌雄俱有，使用舌餂牠，味甜，性寒，有劇毒，故稍一不慎，即易入口，使曝于日光中，少時即硬，其堅如鉄，不易消化，偶一中毒甚至不救爲害極烈。所以在蟹上市的時候（有九月團臍十月尖之說）買來先用竹帚洗淨臍內置薑片加紫蘇一同蒸煮以袪寒氣食時尤須注意六角蟲的所在，取去再行剝食；如是吃蟹的能事已畢，百無中毒之虞。族叔襟偉公有師名李梅庵，別署清道人，爲一代書家，性喜食蟹，有李百蟹之號，人以蟹名，其推崇可知。另有一種奇特的吃法，以蟹懸于空際，半截其足，使伸縮自動，下面用碗承受，其黃白即自足管孔處漸漸而下，約一小時，殼存而實亡，隨取鷄蛋二枚調勻加水燉食，味特鮮美。據說此法于老年人爲最合宜，附識于此，以備兒輩奉甘旨之用，未始非快人快事呢。今把蟹的普通做法詳細說明于下。

選料：

1. 蟹五斤（用螃蟹不及清水蟹爲上。）
2. 食鹽四兩（炒過研細。）
3. 花椒三錢（炒過研細，不研亦可。）
4. 薑片若干（依只數分放。）
5. 黃酒二斤（用陳的紹興酒。）
6. 醬油二斤（醬油要好。）
7. 白糖一二匙（多少隨意——以上醉蟹的材料。）
8. 豬油半斤（熬成葷油。）
9. 火腿三四兩（切丁。）
10. 笋一二只（切丁。——以上蟹油的材料。）

做法：

（一）醉蟹

1. 先把食鹽和花椒合炒，研細候用。
2. 把蟹洗淨，撥開臍板，一一塞入花椒鹽，並加薑一片，用線連足縛住，方可。

3. 然後預備小甏一只，預置黃酒、醬油、食鹽等物，再將蟹浸入，用料須與蟹齊，高略加白糖，甏口用布紮緊，約經十天工夫，即可取食。（醉時切忌燈光，因蟹發沙後，食之味不美。防法可加皂角一寸于甏底，或加吳茱萸一味，可免。）

（二）蟹油

1. 把肥蟹蒸熟，取出，解甲取油，候用。用豬油煎沸，加下火腿、筍丁及蟹油等，再加黃酒四兩，食鹽少許，煎熟而成，以鎮江人所製為著名。

喫法：

1. 醉蟹宜于下酒。
2. 蟹油或作餡子，或冲湯，或放入湯麵中同食，味均腴美。

第七節 海蝘

海蝘一作海脡，是產于近海的一種小魚。勤縣志：「勤有小魚味類蝦米，俗呼曰海蝘。」北戶錄「恩州出鵝毛脡，用鹽藏之，其細如毛，味絕美。」這是海蝘命名的由來。阮亭居易錄作海鱧，全謝山以鱧為誤，改作鰡；按本草鰄一名鰡，大者三四十斤，非小魚。又隨園食單作海蝘，今從之。海蝘可分二種：（一）粗桂，或中桂，身長一寸左右，一寸以上者稱粗佳，寸裏稱中桂，有細鱗，頭部較粗，背色金黃，腹部稍帶青白，味鮮。（二）細桂，長四五分，全身作淡黃色，鱗細至不能辨，味較前者尤為鮮美。按桂為海蝘的代名詞，業中人多稱之。日本貨皆產于富士等處，國產則以產于甯波北礵洋面的細桂最佳，分單頂雙頂二種，雙頂較細而勻，比較最高，其次產于黃歧、吳山的也好。新化姜山所產的有細桂也有粗桂，貨身也很好。溫州海蝘有細粗二種，貨好價宜，最為普通，烟台威海衞等處所產與日貨同。捕時不用網，漁人常于六七月間夜乘小艇，張燈，其中魚見燈光，輒上，須臾而盈滿載而歸，用食鹽醃藏，即可售于市上，供人食用，或燉蛋或冲湯，均可口。甯波人有所謂「乞丐三鮮」的烹法，即以海蝘等做成，法以若干鹹光餅

（即小號麥餅，如月餅，形圓，中有一孔，據說是紀念征倭大將戚繼光的食品）浸水中使軟。將細粉干、海蝘加鷄肉汁等煮透，然後傾入鹹光餅，加蝦子醬油後，煮熟而食，味極鮮美。菜館中燒三鮮，須加肉圓、海參等物，此則無有，而味還不讓燒三鮮，故有「乞丐三鮮」的名稱。今把海蝘的做法詳細說明于下。

選料：

1. 海蝘一盅（先用黃酒放好。）
2. 鴨蛋二三枚（乾燉用三枚。）
3. 食鹽一撮（同蛋打和。）
4. 葷油一匙（或再加些葱薑屑。）
5. 黃酒半兩（解腥氣。——以上燉海蝘蛋的材料。）
6. 紫菜八錢（即名頭髮菜，用冷水發開，洗去泥沙，再用冷水浸過。）
7. 火腿一小塊（切小薄片。）
8. 鷄蛋二枚（純用蛋白蒸熟後，切小薄片。）
9. 草菇四六只（洗漂乾淨。）
10. 青菜三四顆（揀取中心，切寸段。）
11. 白醬油半兩（鹹味。——以上燴海蝘紫菜的材料。）

做法：

（一）燉海蝘蛋

1. 把鴨蛋破殼打和。
2. 下以海蝘、食鹽、葷油、黃酒及清水等，（乾燉清水須少用。）調和。
3. 然後將蛋碗移上鍋架，約沸水後歷十五分鐘燉熟起鍋。

（二）燒海蝘紫菜

1. 先把好清湯（鷄湯）入鍋煮沸。
2. 把火腿片、蛋白片以及草菇、青菜段、醬油等依次加入同煮。
3. 然後加進紫菜，一透起吃。

喫法：

1. 把海蝘蛋切片裝盆，蘸好醬油食。
2. 食海蝘紫菜的時候，酌滴蔴油少許。

心一堂　飲食文化經典文庫

第八節 肴肉

在江蘇省會的鎮江，差不多每個茶館，總有麵點酒肴供給你受用。茶館的設備，和普通的沒有兩樣，惟堂倌對于招待顧客是很恭敬的。若是你們一坐到桌子旁邊，堂倌就來招呼你們了。首先是一壺清茶，繼則熱騰騰的肴肉、乾絲、百葉以及點心如小籠饅頭等，都可以飽享你們的口福。尤其是鎮江人特製的肴肉，最能博得顧客的歡迎。今把肴肉的做法，詳細說明于下。

選料：

1. 豬肉二斤（用蹄子。）
2. 食鹽半斤（用老鹽頭。）
3. 五香桂皮三四片（香料。）
4. 黃酒二兩（解腥氣。——以上煮肴肉的材料。）
5. 生麵一斤（杜打亦可。）
6. 鹹鮮一大碗（即煮鹹肉的湯汁。）
7. 雪裏蕻半兩（用鹽醃過的。——以上肴肉麵的材料。）

做法：

（一）煮肴肉

1. 先預備一隻缽子，用清水洗淨，把肉放下，用竹筷搗之。
2. 用重鹽醃下，再以肴水重醃之，即用木板或磚不等重壓結。
3. 到第三天先用鍋子，將水燒沸，放了一些五香桂片，再把肴肉投下，加黃酒煮熟。
4. 然後取起，用刀切成肉片，擺在盆中，即佳。

（二）肴肉麵

1. 把麵投入沸水中煮過。
2. 放下鹹鮮湯、鹽、雪裏蕻屑等，同煮一透，即可盛起供食。

喫法：

1. 吃肴肉時，用生薑切成米粒，再和香醋蘸拌，乃佳。
2. 吃肴肉麵時，肴肉臨時放在碗面上，多少隨意，以作麵澆頭。

等九節　乾絲

除了肴肉以外,有同肴肉一樣膾炙人口的菜司,要換到鎮江乾絲了。鎮江乾絲僅僅是價值不貴的簡單東西,能馳譽全國,可見自有牠的眞價值在了。這好比川菜館的紅燒老豆腐一味,妙絕人寰一樣的異曲同工,無獨有偶。有一次,遨遊焦山事畢返申路過鎮江,我便在車站附近的一家館子裏泡了壺茶買了些零食和紙烟,消磨時光,等候開車,忽然想起喫乾絲的風味,當下叫堂倌弄一碗乾絲來,不多一刻,熱騰騰的送上來了,用開陽好醬蔴油同拌,乾絲切得怪細長的,細得眞和一根絲一般,當然可口極囉。我一刻兒馬上就吃完了,再來一碗,越吃越夠味,接連吃了三碗方纔罷休,你們不要見怪,其實那碗並不大,何況我是路過鎮江,難得吃着的東西,如何可以不吃一個暢快呢。上海的鎮江菜館,始于三馬路老半齋,記得先叔在世的時候,每次來看我,我常邀他去吃乾絲,味道也不差,現在先叔已去世八週年了,至吃乾絲時,每每想着他,紀念他。最傷心的,他親自定親的一位賢媳婦,自從過門來了,連祖母也不放在她眼裏,何況二位妹妹呢,未免她太過份了罷;雖然這種責任是要歸罪在某學院卒業生身上去的。唉!我能不爲之痛哭流涕呢!今把乾絲的做法,詳細說明于下。

選料:

1. 豆腐乾五塊(要嫩的。)
2. 好白湯一碗(不論鷄湯、肉湯。)
3. 醬油半兩(要好。)
4. 蔴油少許(最好多加爲上。)
5. 淡口小蝦米二三十只(先用黃酒放過。——以上燙絲乾的材料。)
6. 百葉四張(切成條子候用。卽名千張豆腐皮。)
7. 碱水少許(可使百葉柔軟用。——以上燙百葉的材料。)

做法:

（一）燙乾絲

1. 把嫩豆腐乾用刀切作細絲，入好湯內煮過。

2. 撈起瀝乾水氣用好醬油、蔴油及小蝦米等拌吃。味極好。

（二）燙百葉

1. 把百葉切成條子，置放碗中。

2. 再把水燒沸，放下少許碱水，然後把百葉放沸水中。

3. 少停，即用醬蔴油相拌和，即佳。

喫法• 吃時或加滴好醋少許。

第十節　皮蛋

雞蛋和鴨蛋，都是滋養品，以我國人食法爲尤多。皮蛋的製法，很合化學原理。外國人見了皮蛋，起初深爲詫異，當牠是千年以上的化石，後來經過他們研究分析，纔知道中國亦有很科學的食物，不但不含毒質，且味辛辣能刺激腸胃有助消化之功。據說皮蛋治胃病是唯一的良膞。你們如其有興趣，進一步考據他的歷史，我可以介紹你們一篇絕妙文章，即是王兆澄君著的「皮蛋文獻攷」牠是發表在學藝雜誌第九卷第六號上面的，可供參攷，恕我不再作鈔胥了。皮蛋一名「變蛋」見鹽城縣志，松花彩蛋則見順天府志。法以鴨蛋百枚，濃茶葉四兩，煎汁濾過，食鹽十兩，末化石灰十兩，皆研究末，柴灰四升，礱糠半斤，鹼三兩，拌勻成團，分爲百團，每蛋用一團包勻，安裝罎內，固封罎口，不可搖動，四十天便可供食。若欲蛋生花紋，以松柏竹葉燒灰拌入即成。食時又可以銀針豎鑿一孔，灌入燒酒一滴，即成溏黃皮蛋。味道鮮美，爲下酒雋品。據日人近藤氏的化學分析，謂新鮮鴨蛋中，葡萄糖佔百分之二十九，皮蛋中則無；不可凝結之氮，皮蛋中的含量，比新鮮鴨蛋爲多；皮蛋中的脂肪減少，但類脂體增多；又皮蛋中的乳酸量增加顯著。然我以爲皮蛋中尙含燐質，即維生素A，阿摩尼亞的氮、對于病血及衰弱的人皆極相宜。以視茶葉蛋、灰蛋、糟蛋等佐膳品，尤爲珍貴，誰說吾華人沒有科學發明，這是可以自誇的。今把皮蛋的做法，詳細說明于下。

選料：

1.北平松花彩蛋三枚（用溏黃的。）
2.豆腐一塊（用嫩豆腐。）
3.食鹽少許（細鹽。）
4.蔴油數滴（香頭。——以上拌松花豆腐的材料。）
5.素油三兩（不論菜油、豆油等。）
6.米醋一兩（陳醋。）
7.醬油二兩（要好的。）
8.白糖少許（不可多。）
9.眞粉一杯（調漿水用。——以上醋溜皮蛋的材料。）

做法：

（一）拌松花豆腐

1.先把豆腐中所含的水汁濾乾，與松花皮蛋一同攪碎。
2.次加食鹽、蔴油拌和，裝盆供食。

（二）醋溜皮蛋

1.把油鍋煎熱，卽放下皮蛋炸透。
2.然後把米醋、醬油、白糖、眞粉等調和傾下，煎至黃色卽可起鍋了。

喫法：

1.喫拌松花豆腐，切不可放醬油，如若放下，就要發酸，不入味。
2.喫醋溜皮蛋以乘熱爲上，冷食次之。此食品以鎭江館爲著名。

第三章 熱炒

第一節 蟹粉

古代關于蟹的研究著作，唐有陸龜蒙的蟹志，宋有傅肱的蟹譜，淸有褚人穫的續蟹譜，餘則零星散文尙不可勝計，橫行公子因人而傳，未始非幸事哩。若要講到吃法，剝殼吃雖有特殊興趣，但總覺麻煩，爲不會吃蟹的人計，當以炒蟹粉爲第一。他的炒法，可分三種：歡喜吃肥水的跟壯肉絲同炒；歡喜吃更鮮蠶的跟蝦仁同炒，—名蝦吃蟹；如其歡喜嶺南風味的跟新會特產芥蘭同炒。今把他的做法，詳細說明于下。

選料：

1. 肥蟹三隻（先把蟹蒸熟了，拆好蟹肉候用。）
2. 油三兩（最好葷油。）
3. 肥肉二兩（切絲。）
4. 黃酒二兩（用陳黃酒。）
5. 雞湯一碗（或其他鮮湯代用。）
6. 醬油二兩（白醬油。）
7. 白糖一撮（勿太多。——以上肉絲炒蟹粉的材料。）
8. 鮮蝦六兩（擠取蝦仁。——這是蝦吃蟹的材料。）
9. 芥蘭四兩（切斷。——這是芥蘭炒蟹粉的材料。）

做法：

（一）肉絲炒蟹粉

1. 先把油鍋煎熱。
2. 次把蟹肉及肉絲（或蝦仁）一同倒下，炒了幾次，卽下黃酒去腥。
3. 再把雞湯、醬油加下，蓋蓋燒一透，和以白糖嘗味，卽可起鍋了。（蝦吃蟹法同。）

（二）芥蘭炒蟹粉

1. 把油燒熱，下芥蘭置油鍋中一爆。
2. 卽將蟹肉和入一起炒，下黃酒，加雞湯，醬油，燒了一透，便可起鍋。

喫法：

喫時酌加蔴油大蒜葉屑，以引香味。

第二節　火腿豆腐

這節名稱叫火腿豆腐，實則主要原料在于白菜，亦可稱作白菜豆腐。此味妙在湯汁鮮冽，若濃膩則失其原味。普通烹法，用油多用葷油，湯不能白，最爲可厭。和頭（卽副料）以開洋爲上，因爲菜類和豇豆、蘿蔔等物，恐怕不易煮爛，可略加開洋或蝦米同煮，實爲速爛的一法。今把白菜豆腐和蔴菇豆腐的做法，詳細說明于下。

選料：

1.白菜六兩（切小塊。）
2.豆油二兩（用眞豆油。）
3.豆腐四塊（切小方塊。）
4.開洋十隻（先用黃酒浸胖。）
5.火腿五六片（用生火腿。）
6.爊料皮少許（香料。）
7.食鹽一匙（用潔白鹽。）
8.白糖一撮（鮮味。——以上白菜豆腐的材料。）
9.青菱十幾隻（剝殼，去衣。）
10.蔴菇十隻（用泡水浸透。）
11.木耳十隻（亦用水泡開。）
12.味精少許（鮮味。）
13.蔴油半兩（或者多加些。——以上蔴菇豆腐的材料。）

做法：

（一）白菜豆腐

1.把豆油煎熱後，即下白菜小塊炒至半熟。
2.次加豆腐、開洋、生火腿片及爊料皮等一起炒，摻下食鹽，放下清水，煮二三透。
3.然後加白糖和味，即佳。煮透後湯色潔白，豆腐起孔，味最純正。

（二）蔴菇豆腐

1.把老豆腐盛入瓦罐，落水要沒上面，經好久的時間，煮得豆腐現出密密的小洞，一個個和蜂窠一般。
2.把熱水傾出，再用冷水落罐，把菱肉放入同煮半熟。
3.再把蔴菇、木耳、味精，並多量的蔴油一同調下，便成功了。

喫法：

喫時加蔴油。

第三節　桂花蛋

桂花蛋是北方的名產，以河南彰德爲著。我在本節裏所述的桂花蛋，第一種是以形似桂花而得名；第二種是用桂花米和蛋同炒而成，味均適口，尤以第二種極甜美之致，饞客最受歡迎。今把桂花蛋的做法，詳細說明于下。

選料

1. 雞蛋六枚（如用鴨蛋亦可。）
2. 火腿屑半杯（切細屑。）
3. 黃酒半兩（勿過多。）
4. 食鹽一撮（熟鹽。）
5. 葷油三兩（或用素油。——以上鹹桂花蛋的材料。）
6. 黃粉少許（或眞粉。）
7. 桂花醬一杯（卽木樨醬。）
8. 冰糖半兩（融水。）
9. 菜油三兩（或用豆油。）
10. 山楂糕二塊（切丁。——以上甜桂花蛋的材料）

做法

（一）鹹桂花蛋

1. 把雞蛋打開，盛于大號碗中，用筷打幾十下。
2. 加下火腿屑、黃酒、食鹽及清水一杯，再行打和。
3. 然後將油鍋煉熱，把蛋倒入，用武火不絕去炒；一邊炒着，一邊不住手用鏟攪動，就成桂花蛋了。

（二）甜桂花蛋

1. 把雞蛋打極透，少加黃粉，再以桂花醬、冰糖水、調和。
2. 次把菜油煎熱，將蛋倒下，引鏟攪拌，至蛋漸濃厚時取出，面上加山楂糕丁，卽得。

喫法

用匙取食。

第四節　栗子

栗子大概可分爲三種：大者名魁栗，產自皖省之徽州安慶；次者名中栗，在山東兗州等區有大宗出品；小者名茅栗，產自浙中諸山，及吾鄉虞山爲最多。今蘇滬一帶，至秋涼天氣，街頭巷尾，每以糖沙劊炒栗餉顧客標名曰「良鄉栗子。」按良鄉是北平西南面的一個縣治，以產栗著名色香味均佳；惟產額有限，不足供當地的需求，所以南方的所稱良鄉栗子，大都冒牌影戤性質，不足貴也。栗子生于樹上，受秋令金生之氣而生，功能補腎而益氣，止瀉耐飢，治脚氣病有奇效。其外殼嚴密如針刺，計大于實者可三倍許，驟見之，一若小蝟然，迨剝後果始現，誦陸放翁詩有「蝟刺折逢新栗熟」句，可謂信然。清王士雄隨息居飲食譜謂「栗軟時嚼之作木樨香味，」故有「桂花栗子」的名稱。在吾虞北山的鮮茅栗子，名麝香囊，那甜而嫩的麝香滋味，眞是不同凡品。昔杜甫居蜀，採栗自給，可見四川各山亦產栗子，惟不甚著名而已。考炒栗之名，垂于吾國史乘者；至今已幾千年了。契丹國志「蕭罕嘉努嘗對遼主言臣知炒栗，少者熟則大者必生，大者熟則小者必焦。」遼以燕爲南京，必遼之君臣有于燕京風俗，故蕭罕嘉努舉以爲喻，期其易曉。老學庵筆記云「故都李和炒栗名聞四方，他人百計效之，終不可及；」其南集夜食炒栗有感詩註云：「漏舍待朝，朝士往往食此。」據此則汴京亦有此風，而南渡以後，復傳至江表。然則區區一物，關係千年世運升降，文化遷移，有如是者。近且有人採知嶺南不產栗，設法運往廣州求售，粵人以其爲罕有之物，莫不利市三倍；此爲栗子愈趨愈南之徵。今把栗子的做法，詳細說明于下。

選料：

1. 肥鷄一只（殺好，去毛，破肚，洗淨，斬成塊子，候用。）
2. 油三兩（菜油。）
3. 黃酒三兩（不用料酒。）
4. 紅醬油半杯（約兩半。）
5. 白醬油半杯（約兩半。）
6. 食鹽少許（不可太多。）
7. 香料少許（一二塊。）
8. 栗子半斤（剝殼去皮，最好先行煮爛候用。）
9. 白糖半兩（和味用。——以上栗子炒鷄的材

料）

10 錫糖三兩（即俗名淨糖。）

11 砂五斤（炒栗子用。——以上糖炒栗子的材料。）

做法：

（一）栗子炒鷄

1. 把油入鍋，等煎到起白烟時，即將鷄塊放下，煎至黃透爲度。

2. 加黃酒同紅醬油、白醬油、香料及清水一大碗，直燒到七八分熟。

3. 把栗子、食鹽一並加進鍋內，仍舊蓋緊鍋櫼燜爛。

4. 最後加白糖和味，即可起鍋。

（二）糖炒栗子

1. 把栗子揀別大小相等的約五斤，放在水中，浸了一下，拿出來吹乾，最好用小針將栗子刺了小孔候用。

2. 再把鍋中的沙炒熱，用栗子倒下，將鏟炒動不息，切不可停手。

3. 炒到半熟的時候，將錫糖傾于沙中，再炒，至發爆裂聲有二三顆以上者，便可鏟起。此時栗子炒熟了，糖漿不在沙中，都在殼內了。此法比普通炒法來得好吃。

喫法：

1. 喫栗子鷄妙在酥嫩，若燒來硬而不易消化，便失眞味了。

2. 糖炒栗子宜乘熱進食，用作點心最佳。

第五節　秋韭

禮記內則說到膾的配料，有「春用葱，秋用芥，」「春用韭，秋用蓼」之說，但我以爲「春卵夏筍，秋韭冬菁」亦自有她可口的地方，我們不妨在秋天氣爽，涼風習習的當兒，拿來試試看她的滋味究屬如何？我可以斷定說，你的胃納必佳，飲食也隨之抗進了。這是什麼原故呢？因爲當夏令的時候，不宜多進油膩，食品以清淡爲主，到秋天以後，人們應該多進些滋養的食品，一補數月來枯澀的臟胃了。今把秋韭的做法，詳細說明于下。

選料：

1.腿花肉一斤（切絲。）

2.螺螄頭肉一碗（去厴頭。）

3.菜油三兩（或葷油。）

4.黃酒二兩（解腥用。）

5.食鹽少許（不可太多。）

6.醬油二兩（要好的。）

7.嫩韭菜三兩（新鮮的，切成寸段。）

8.白粉少許（和味用——以上螺螄頭炒韭菜的材料。）

9.金鉤小蝦米二三十隻（先用酒發好。）

10火腿片三四片。（先煮熟切片。）

11蘑菇片四五片（放好後切碎。——以上蘑菇炒韭黃的材料。）

做法：

（一）螺螄頭炒韭菜

1.把肉絲及螺螄頭，用油合炒。

2.待透，傾入黃酒，再下食鹽、醬油後，即可盛入碗中。

3.再用油炒韭菜片刻，即將已炒過的肉絲螺螄頭合炒，霎時放糖和味，即可起鍋。

（二）蘑菇炒韭黃

1.把韭菜倒入熱油鍋內，先略炒幾下。

2.次加進洗發好的金鉤小蝦米、及火腿片、蘑菇片等再炒數下。

3.然後放下黃酒、食鹽醬油等合味，最後加白糖即佳。

喫法：

韭菜切不可炒爛，又不可多燜，否則乏味。

第六節　肝油

西人對于豬的臟腑等物，以為不衛生，相戒不敢食；及見我國人所食熏臟物，他們加以研究，遂知肝臟等物，非但適合衛生，並且很有益于身體，含有極多的滋養料。本節所述肝油，亦內材的一種，聽說無錫的西北區，無論是家常便飯或是盛筵佳席，總有一隻炒肝油菜點綴着，可是少不掉的，並且他們的炒法，所用的配料，大都以大蒜葉同炒，奇香撲鼻，可以增進食慾。在不喜食大蒜的人，只覺得異臭難忍，未有不望望然去之。不知大蒜有極大的殺菌力，有祛病保身之功（見本草）又可抵抗肺癆菌，為最顯著的事實。我在蘇州，最歡喜吃肝油炒豆腐，既腐且鮮，價廉物美，恨不得每天吃她，每餐當作飯菜。一到上海，事情就不同了，店上賣的肝油，名稱為肝油，實則有肝無油，最是名不副實。即是知照他要重生油的，也不過寥寥幾塊爛油吧了。並無棋子油可得，這使人無可如何的事。所以要吃肝油，要讓為蘇州鄉下，油分棋子油、鷄冠油、網油等三種，其中以棋子油為最美。就不過吃起大蒜炒肝油來，切不可到交際場中去，尤其是到跳舞場同女性接觸，最使人難熬。因為臭味難聞，雖多吃些蘭香糖也沒有用的。若要解去口中臭味，除非你多嚼黑棗，或可有効力可覩。——這是她的不平凡處。今把肝油的做法，詳細說明于下。

選料：

1. 肝油半斤（最好買兼肝夾油的棋子油。）
2. 大蒜葉一紮（採嫩的切成寸段，再用針撕絲。）
3. 豆油一兩（或葷油。）
4. 黃酒一兩（少則半兩。）
5. 食鹽少許（或精鹽。）
6. 醬油一兩（紅醬油。）
7. 白糖少許（和味用。——以上大蒜炒肝油的材料。）
8. 豆腐三塊（切小塊。——這是豆腐炒肝油的材料。）

做法：

（一）大蒜炒肝油

1. 先把肝切片，油切小塊，用酒、水漂淸。
2. 把油鍋燒熱，將肝倒下炒爆，待其脫生，再加油塊，并下黃酒、食鹽、醬油、淸水等，燒一透，取起。
3. 再用大蒜煎炒，用鏟拌一個翻身，然後再拿肝油湯汁倒下去燒一透，加糖和味，這樣就算成熟了。

（二）豆腐炒肝油

1. 把油煎熱，先用肝倒進亂炒十幾下。
2. 見她脫生，便下油塊，加黃酒再炒一回。
3. 把食鹽、醬油及清水一碗，加下，再用豆腐同時放入，關蓋燒透，和入白糖便可起鍋。

喫法：

1. 大蒜炒肝油宜乘熱而食。
2. 豆腐炒肝油食時應加大蒜葉屑，以引香味。

第七節 荔浦芋

荔浦芋出在廣西，面積較大于普通芋類，小則一二斤，重則二三斤，味道香美。廣東菜館有荔浦芋貼蝦一味，味尤鮮香，粵人推為名菜之一。他的原料是用荔浦芋、蝦仁、蟹粉、火腿屑等做成。惟吾蘇館金錢豹一味，堪與相埒。金錢豹的名稱，以色似豹毛的圓形而得名，原料是用冬菇、蝦仁、蛋白、豬油、葱屑等做成，為蘇館名菜，他館無出其右。荔浦芋貼蝦與金錢豹雖同一用蝦仁為作料，所不同的，惟一則油煎，一則湯煮吧了。今把荔浦芋貼蝦和金錢豹的做法，詳細說明于下。

選料：

1. 荔浦芋一隻（分數次用。）
2. 蝦仁一大杯（鮮蝦仁，）
3. 蟹粉一碗（將蟹蒸熟剝肉。）
4. 火腿屑半杯（切成細屑。）
5. 食鹽少許（細鹽。）
6. 黃酒二兩（去腥用。）
7. 葷油四兩（或用素油——以上荔浦芋貼蝦的材料。）
8. 鷄蛋三枚（取白。）
9. 青葱一二枚（切屑。）
10. 冬菇二三十隻（用酒放過使用。）
11. 鷄湯一大碗（或用其他鮮湯。）
12. 火腿片五六片（薄片。——以上金錢豹的材料。）

做法：

（一）荔浦芋貼蝦

1.先把芋蒸熟，然後切成小長方的塊片，須面積相等。

2.次把蝦仁、蟹粉、火腿屑以及食鹽、黃酒等拌和，平均鋪在芋上，另以芋片覆蓋其上。

3.最後入鍋，用文火煎透，即佳。

（二）金錢豹

1.把蝦仁、蛋白、豬油、葱屑、食鹽、黃酒等，一同入石臼中搗爛。

2.再將匙盛受，做成蝦球，緊貼在放過的冬菇上，（剪去其柄）即行裝盆蒸熟。

3.一面將鷄湯加火腿片煮透，盛于海碗中，再把蒸熟的冬菇隻隻放下，即可上席。

喫法：

1.荔浦芋貼蝦用以下酒過飯，皆稱妙品。并可備辣醬油一碟佐食。

2.金錢豹上席時，酌加花椒末少許，香氣勃發，鮮美無比。

第八節　秋菌

菌類不僅春夏間有，秋天亦有產生于山中樹林間；惟因所產無多，故價略貴。秋菌中以豬血菌為巨擘，其他菌類次之。在無錫惠泉山產有一種豬血菌，色紫如血，無毒，味最美。當地山下鄉民，屆時携籃往摘，售于市上，嗜味者爭相購買，或與麵筋、豆腐衣同煮，或煎為菌油，以供醃豆腐及冲湯之用，其味之雋美，無與倫比。又宜興特產竹菇，產山下叢篁間，每值雨後，遍地叢生，小而色紅，離離可愛，以之治羹湯，味亦鮮美，故古人稱為珍品。宜興縣志云：「竹菇色如胭脂，大如錢，他邑不產。」湖海樓詞集註云：「竹菇惟陽羨山中產之，他處無有。」史可程映山紅慢詞亦云：「園丁忽報濡仙露，徧金谷結珊瑚乳，」即是此物。今把秋菌的做法詳細說明于下。

選料：

1.鮮蝦仁一碗（將蝦擠仁。）

2.鷄蛋三枚（取白。）

3. 菉豆粉一盅(或黃粉。)
4. 荸薺一二枚(去皮切片。)
5. 葱一枚(切葱花。)
6. 食鹽一撮(不可太多。)
7. 黃酒二兩(要陳的。)
8. 豬血菌二三十只(洗淨去柄。)
9. 葷油二兩(或豆油。)
10 火腿片五六片(多至十片,以爲點綴。)
11 醬油二兩(用紅醬油。)
12 白糖少許(和味用。)
13 眞粉少許(着膩用。——以上炒蝦菌的材料。)
14 菜油一兩(爆菌用。)
15 鷄湯一碗(或用其他鮮湯。)
16 青菜段十廿段(切寸段。)
17 白醬油一兩(不用紅醬油。——以上燴鮮菌的材料。)

做法:

(一)炒蝦菌

1. 把鮮蝦仁加入鷄蛋白、菉豆粉、荸薺片、葱花、食鹽,及用黃酒一半,放石臼中打爛成醬,用匙盛受略捏成球形。
2. 次將蝦球置于菌中,貼緊,裝入盆中蒸熟。
3. 然後把油煎熱,放入蒸熟的蝦菌,少時加酒,再加火腿片、白醬油,最後下白糖、眞粉,味和起鍋。

(二)燴鮮菌

1. 把鮮菌用水洗二三次,去淨泥沙,同蒂用油略爆一過,取起再用水洗,捻淨油氣。
2. 取鷄湯加上火腿片、青菜段、白醬油,將菌燴吃,味很鮮冽。

喫法:

1. 喫炒蝦菌時,酌加花椒末少許。
2. 喫燴鮮菌加滴蔴油上席。

第九節　斑肝

從前有人說過:「春天河豚拼命洗,秋時享福吃斑肝。」這是足見斑肝一味,爲饌中的佳品。斑肝

心一堂　飲食文化經典文庫

卽是斑子魚的肝，這魚的魚肚有無骨嫩肉兩小片，腹內肝有兩小葉味最鮮美。秋風一起鎭江東鄉沿江各鄉鎭出產最豐據說卽是小河豚魚，斑子魚乃鎭江人的俗名。考爾雅、鮐鮧爲河豚本字，近人于髯翁詩云：「老桂花開十里香，看花走遍太湖旁，歸舟木瀆猶堪記，多謝石家鲃肺湯。」按于翁作鲃字實誤。若斑字則俗名，亦未能愜意，予意應寫作「鮰」爲近是。予曾有詩爲于翁解嘲云：「采香涇畔尋芳罷，鮰肺初嘗齒頰香，壁上題詩驚墨客，髯翁造字費思量。」自註：「鮰俗名鮠魚，肺部特大，鬐齡時，常用其皮作鼓，其聲清脆可聽。清李笠翁閒情偶寄稱斑子魚，今于髯翁創鲃字，亦新奇可喜。」因爲了這一個鲃字，弄得文人聚訟紛紜，平空添了藝林中一段佳話；但木瀆石家飯店因以馳名，未免太便宜吧！今把斑肝的做法，詳細說明于下。

選料

1. 斑肝三四兩（在斑子魚肚內取出，漂洗潔淨。）
2. 葷油一兩（或豆油。）
3. 葱段少許（或切屑。）
4. 香菇五六只（預先放過。）
5. 黃酒一兩（解腥。）
6. 白醬油一兩（紅醬油不用。）
7. 白糖少許（和味用。——以上炒斑肝的材料。）
8. 麵一斤（卽生麵條子。——這是斑肝麵的材料。）

做法

（一）炒斑肝

1. 把斑肝洗淨後，盛于碗中。
2. 將油入鍋煉到透，卽取斑肝放進，炒十幾下。
3. 然後把葱段、香菇、黃酒、白醬等依次加入，再略加滑水，炒到二十多下，和白糖起鍋。

（二）斑肝麵

1. 把斑子魚剝其皮骨，煨湯如乳汁，加黃酒、食鹽、以作麵湯之用。

2.把生麵入沸水鍋煮熟，撈起，分裝數碗，上蓋炒好的斑肝作澆頭即成。

喫法：

食時加滴蔴油，以增香味。

第十節 木樨肉

肉絲炒蛋雅名木樨肉，因其色黃如木樨花的緣故。她的原料是把瘦豬肉絲、雞蛋和調味品炒成的。炒法以油多質嫩爲上，否則咀嚼如棉絮，老而不堪食了。如其酌加秋韭數十根同炒，可以增加香味，促進食慾，最爲上乘；但是須要注意韭菜的肥嫩，若瘦葉老梗均應剔去，爲是方盡選料的能事。另有用蛋白和鯽魚同蒸，名曰芙蓉魚，她的味道亦美。今把木樨肉和芙蓉魚的做法詳細說明于下。

選料：

1.腿花肉一塊（切作細絲。）
2.雞蛋二三枚（破殼打和。）
3.白醬油一兩（紅醬油不用。）
4.黃酒一兩（解腥氣。）
5.韭菜一紮（約數十段——以上木樨肉的材料。）
6.鯽魚四尾（剖洗乾淨。）
7.白糖少許（約一匙。）
8.肥豬肉半小碗（切肉片。）
9.香菇三四只（用水泡過。）
10蝦米少許（用酒浸過。）
11葱一枝（切段——以上芙蓉魚的材料。）

做法：

（一）木樨肉

1.把豬肉用刀切作條絲，入滾油鍋內，炒到將好。
2.把雞蛋先行打開，調和，連白醬油、黃酒、韭菜段一並放入肉內，再炒二三十下，速即起鍋。

（二）芙蓉魚

1.把蛋白放進大海碗內，（略糝食鹽）然後把鯽魚放下。
2.加下清水，以浸沒魚身爲度，同白醬油、黃酒、白糖、薄肉片，密貼在魚的週身，上面再排些香菇蝦米葱段一起放進飯鍋上蓋礎盋燃火蒸透飯熟亦熟。

喫法：

1. 喫木樨肉妙在肉絲包在蛋中，鮮嫩無比。

2. 喫芙蓉魚時，上面酌加紅醬油少許，以鹼淡適宜爲度。

第四章　大菜

第一節　鮐肺湯

那一年，可不是春天，而是氣候高爽風日宜人的中秋時節，有一位患着歇斯的里症的同鄉×君，要和我一同游靈岩山去。我若以理智方面來講，我深知這位同鄉的爲人，志卑而且精神頹唐，絕對的不能和諸地同去；但我是一個好游名山大川的人，心裏想：或許此去有絕好的詩材收拾到我的詩囊裏，最後總算不曾辜負他的盛意，噢——的一聲就走了。說起這位同鄉，生性孤癖，生了兒子，不盡教養之道；他常對人家說：「我受了高等教育一點沒有用處，兒子的教育費還是省省吧」說罷就連聲嘆氣，現出懊喪之狀。所以他的兒子迄今將屆弱冠之年了，彷彿一張素紙，絲毫沒有受過油墨的拂拭，除月支八九元租借自由車走遍城廂內外，終日無所事事。一方面他自己深染「煙霞」癖，竟也受了潮州某富孀之賜，至今歇斯的里症越發利害了。潮州某富孀的吸鴉片，是這樣發明的：她居尼庵中，忽發胃氣病，痛楚異常，適其戚贈與鴉片一盒，她置于床頭，床前燃一小油燈，供吸淡巴菰之用，她偶以銀針蘸鴉片就燈火上燃着，奇香撲鼻，由此而得發明吸法，病竟好了。——這就是我所說的受她之賜的緣故，否則不有她發明，何以能流毒于全中國呢？所以我特別提出來，引以爲戒，這是實行新生活運動的人應宜知道的吧！記得這次遊靈岩，曾有詩記之，其一云：「今朝重上古琴臺，響屧廊前步幾回，記得曼殊詩句好，春風一夜百花開。」其二云：「洞庭本是水雲鄉，浩淼風煙出越牆，從此西施歸范蠡，空留遺跡箭波長。」二人遊罷之後，便在木瀆石家飯店午飯，進鱺肺湯一味，那就是于髯翁吟詩贊美的菜司了。筆者曾于上面說及于髯翁在木瀆石家飯店吃了鱺魚肺湯，大得其意，做了一首詩，照吳音寫作䰾肺湯，引起許多考據家的聚訟。一天髯翁到李印泉家裏，遇見金松岑，談起這個字，金告訴他，朱竹垞有詩寫作斑，並且做了一首詩調侃他說：「更說斑魚疏，掌故市樓曾醉一髯翁。」陳佩忍看見，大為不平，做了三首詩，替髯翁辯護；其一云：「急就凡將製已陳，說文解字亦休論；宋朝自有王安石，書法須行也要新。」其二云：「假借諧聲信妙哉，象形會意便恢恢；宛陵歐九誠知己，早擘鯸鮐兩字來。」（原註云：爾雅鯸鮐為河豚本字，蓋自梅聖俞歐陽永叔已不識之矣。）其三云：「鴻辭漫詡曝書亭，尚有隨園擅性靈；記否西山尋白狗？風流一樣眼垂青。」我寫到此間，很覺奇怪，何以金陳二公竟不識鱺字呢？哈哈！今把鱺肺湯的做法，詳細說明于下。

選料

1. 鱺魚五六尾（剝皮，再將肝肺洗淨。）
2. 黃酒二兩（用陳酒。）
3. 食鹽少許（鹹頭。）
4. 蔴菇五六只（用酒放過。）
5. 火腿少許（切片。——以上清煑鱺肺湯的材料。）
6. 紅醬油二兩（要好。）
7. 白糖少許（和味用。——以上紅煑鱺肺湯的材料。）

做法

（一）清煑鱺肺湯

1. 把鱺魚及肺仝雞湯入鍋中，煨煑數透。
2. 把黃酒食鹽放入再煑。
3. 然後放下蔴菇、火腿片再煑一透，即成。

（二）紅煑鱺肺湯

1. 把鱺魚及肺加清水或雞湯，放入鍋中同煑。
2. 煑透，加黃酒，再加食鹽、醬油。
3. 然後加白糖和味，即可起鍋了。

喫法

食時酌加蔴油少許，以增香味。

第二節　菊花魚翅

魚翅一名鱗脯，別有三種：曰脊翅，曰肚翅，曰尾翅。普通所用之翅，乃海中沙魚腹下之鰭製成。西洋人起初不懂吃魚翅的，及嘗到中國所製魚翅，嘆為美味。最近蕭伯訥和范朋克東來，大吃魚翅，百食不厭。已故黨國要人譚延闓，菜中獨嗜魚翅，一次可進數簋，不下于李百蟹之量。譚氏平居喜麥食，每日晚餐必有包餃，一次能啖三四十枚。又善騎，有良馬五匹，暇時常約二三同好，馳騁于小營中。北平金石家齊白石曾為刻一印云：「生為南人，性不能乘船，食稻而喜餐麥跨鞍。」譚氏書法雄健奇警，極意摹翁同龢，與乃弟澤闓仝著名于時。記得十年前為本市浙口路天祿食品店題寫「推譚僕遠」四字橫額，見者都莫名其妙，後經況夔生詞人在後漢書西南夷傳中查出「推譚僕遠」四字，即華美酒食之意，實夷人語。于是這一個悶葫蘆，才算打破。某次赴友人家宴，廚人以燉爛魚翅進，譚氏食之美，大加稱許，立賞洋百元，其豪爽如此。今把菊花魚翅和菊花魚頭的做法，詳細說明于下。

選料：

1. 魚翅一只（選上等的烏駒應用。市上魚翅大都日本產，可採辦呂宋貨。）
2. 雞一只（去毛破肚。）
3. 白菜四兩（用梗部。）
4. 葷油一缽（煎炒用。）
5. 豬肉半斤（用腰尖肉。）
6. 黃酒二兩（要陳酒。）
7. 醬油三兩（要好的。）
8. 紅肉汁一碗（即紅燒肉汁。）
9. 白糖、眞粉少許（眞粉須用水調和。）
10. 蟹粉一杯（先行炒熟。）
11. 火腿片、筍片少許（煮熟的。——以上菊花魚翅的材料。）
12. 青魚頭一個（要大的。）
13. 雞肉、豬骨髓、肚子、火腿等各若干（均須切絲。）

）

14 冬菇五六只（切絲。惟冬菇爲日本產，可代以北菇，或用出自浙江蘭溪的花菇，味亦相等。）

15 鮮菊花少許（取菊花絲應用。——以上菊花魚頭的材料。）

做法：

（一）菊花魚翅

1. 先把魚翅用冷水浸透，後換熱水，浸一小時，用清水洗去沙質，用力刮去筋皮，再用冷水浸下。俟翅軟已發足，去其骨管，留其色帶淡黃而透明的軟刺候用。

2. 次鷄煑熟，純取其皮應用。

3. 次把白菜梗用刀切成細條，入鍋焯熟，在葷油鍋中氽黃，見葉邊已氽黃，即行撩起。

4. 然後把肉切絲，入油鍋炒透，下以黃酒、醬油，並下白菜煨熟。

5. 加下紅肉汁燒一透，然後把魚翅用鷄皮包裹放下，啓蓋燒片時，加下白糖、眞粉及得味道和透以後，遂即裝于大盆中。

6. 上面蓋以蟹粉，四周鋪以火腿片、筍片，即可上席了。

（二）菊花魚頭

1. 把大靑魚頭加黃酒、食鹽，上鍋蒸熟，盡去其骨。

2. 次把鷄絲、豬骨髓、肚絲、火腿絲、冬菇絲等，加以鷄湯，煑透。

3. 然後把魚肉放進，混合燒熟，盛入盆時，加菊花少許，味既淸香，色亦調勻，此菜以粵館著名。

喫法：

食時酌加蔴油少許。

第三節　椰子鷄肉

椰子生于熱帶，樹高五六丈，葉大，實長尺許，徑四五寸，瓤白如凝雪，核約三寸許，中空有液，頗甘美。有將椰實鋸開，鑲以銀質，作爲酒杯，名曰椰杯。陸龜蒙詩云：「酒滿椰杯消毒霧。」本節椰子鷄肉，一名鳳隱銀窩，爲有名粵菜。今把他的做法，詳細說明于下。

選料：

1. 椰子一隻（剖開頂部。）
2. 鷄一隻（做成鷄球。）
3. 白菓十個（先泡好，再去殼衣。）
4. 口蘑十隻（泡好。）
5. 鮮奶半杯（牛奶。）
6. 鷄湯一碗（鮮湯。——以上椰子鷄肉的材料。）
7. 葫蘆一個（新鮮的。）
8. 火腿丁、鮮肉丁四兩（肥瘦均勻。）
9. 扁尖屑蘑菇屑二兩（先泡好。）
10 葛仙米半盅（泡浸。）
11 鮮湯一杯（淸湯。）
12 黃酒、食鹽少許（調味用。——以上葫蘆提肉的材料。）

做法：

（一）椰予鷄肉

1. 把鷄肉切碎，加食鹽、黃粉製成鷄球。
2. 次把椰子剖開其頂，裏面放入鷄球白菓口蘑鮮奶等，再下鷄湯，仍將蓋蓋上，乃上鍋用文火合燉而成。

（二）葫蘆提肉

1. 把葫蘆開頂去瓤，中實火腿丁、鮮肉丁、扁尖屑、蘑菇屑及葛仙米等，再加鮮湯、黃酒、食鹽等。
2. 上面仍覆以連蒂之蓋，上鍋清蒸，即熟。

喫法：開蓋而食，別有風味。

第四節　百寶肚子

百寶肚子是把豬肚、糯米、火腿等煮成的，可當點心，亦可作飯菜，又可作經濟的補品。豬肚上附有穢膩等物，須用鹽水或赤砂糖外內擦過，用水過淸後，然後應用。在煮肚的時候，不可先著鹽味，否則堅硬而縮，食之乏味。因普通每犯此病，故將標而出之，以爲從事者告。今把他的做法，詳細說明于下。

選料：

1. 豬肚一只（洗淸後，先行焯一透。）

2. 糯米四合(淘淨後,濾乾水汁候用。)
3. 火腿二兩(切屑。)
4. 香菌十只,(放過切絲。)
5. 黃酒一兩(解腥氣。)
6. 醬油二兩(將一半放入糯米,一半煮用。)
7. 茴香、花椒、薑片各少許(裝一布袋。)
8. 食鹽一撮(量後放入。——以上糯米肚子的材料。)
9. 雞蛋二十枚(最好頭窠蛋。——這是雞蛋肚子的材料。)

做法:

(一)糯米肚子

1. 把肚子擦洗乾淨,須將正反面以及肚尖都要擦過,肚尖用竹筷通過,勿使汚穢遺留爲要。
2. 洗淨後,放入鍋中加水煮一透,取出剝去外面的白衣,再用淸水過淸。
3. 把糯米以及火腿屑、香菌絲等,加黃酒醬油,互相拌和,灌入肚子內,取針線縫好。
4. 縫好後,放入鍋中,用小布袋盛茴香、花椒、薑片等,放入肚子之旁,加水及酒少許,煮熟約三小時,棄去茴香袋,再加醬油一滾,即可盛起。

(二)鷄蛋肚子

1. 把肚子洗淨後,以鷄蛋每個拍碎放入,然後用線紮緊。
2. 紮好後,放入鍋中加淸水煮燒,一透以後,下以黃酒。
3. 再燜煮半小時,卽佳。

喫法:待冷後,以刀切成片,用醬蔴油蘸食,能淡食更佳。

第五節　淸煮肺頭

淸煮肺頭卽是把豬肺同火腿、冬菇、扁尖等白煮成的,味頗淸美。將肺準備的時候,先用酒壺灌水,使水注入肺管中,通至肺內各細管,此時須以手輕輕拍牠,肺葉卽行膨脹起來,再灌再拍,則肺內的血汚便可盡去。如是冲洗數次,肺部紅色完全退去,肉成白色，卽已乾淨，然後剝去薄皮，用剪剪開各細管，使血盡出，再剪成方塊，在清水中漂去泡沫，卽可放進鍋中燒煮了。今把牠的做法詳細說明于下。

選料：

1. 豬肺一只（揀沒有黑斑點的。）

2. 生薑一二塊，（切片。）

3. 黃酒二兩（解腥用。）

4. 火腿四兩（去其肥肉，純取精頭。）

5. 冬菇十只（預先泡過。）

6. 扁尖三條（浸胖撕碎。）

7. 食鹽半兩（以少爲佳。——以上白煮肺頭的材料。）

8. 豬腰一對（二只。）

9. 蝦仁一盅（鮮蝦仁。——以上白煮腰片的材料。）

做法：

（一）白煮肺頭

1. 把肺塊放入鍋中加下清水，用火燒滾，用勺撈去其泡沫，加鍋蓋，煮三分鐘，將肺取起，用清水漂清。

2. 次卽放進瓦罐中和清水滿罐，加蓋煮透，下以黃酒，撈去膩潰少時，再加火腿、冬菇、扁尖等，用炭墼徐徐燒煮約三小時，肺頭脆骨巳酥，盛起取食。

（三）白煮腰片

2. 把腰子剝皮，用刀破開，七去色筋，先在面上橫劃無數刀紋，然後縱切爲薄片，再用酒漂清血汁候用。

2. 次把腰片同蝦仁放入清水鍋中，煮一透，加黃酒、食鹽，再燒一透，卽可起鍋。

喫法：

1. 肺頭用醬蔴油蘸食。

2. 腰片湯再加醬油及蔴油。

第六節　禾花雀

禾花雀卽黃雀的一種，爲秋時名貴食品。因爲這個時候正稻穀登場，雀食穀極肥，此鳥秋時，張網捕食最佳。得樹樓雜鈔云「嘉興乍浦陳山濱海，樹木蓊鬱，每東風起，有鳥自海外來，集于樹，土人捕之，大者曰戴毛鷹，亦曰鸚鵡，中者曰花雞，小者曰鑽籬，剖其腹，有青椒，其骨甚脆，號爲秋烏。」若用此鳥烹食，味尤佳妙。前清蘇州沈觀察煨黃雀，連骨和肉，一起煨爛如泥一般，這種黃雀泥的製法，可惜祕方不傳。沈觀察家廚的精美，當時蘇州要算他第一。今把禾花雀的做法，詳細說明于下。

選料：

1. 禾花雀十只（去毛破肚。）
2. 葷油四兩（或素油。）
3. 黃酒四兩（要陳酒。）
4. 醬油四兩（要紅醬油）
5. 香料薑片各少許（薑切片。）
6. 白糖一匙（嘗味用。——以上煨禾花雀的材料。）
7. 雞蛋三枚（或鴨蛋。——這是禾花雀蒸蛋的材料。）

做法：

（一）煨禾花雀

1. 把雀放在黃酒、醬油中，浸半小時。
2. 次將油鍋燒沸，將雀在醬油中取出，倒入油中煎透。（並放下香料薑片）
3. 少時以黃酒、醬油及清水加入，加鍋蓋緩緩煨爛，和以白糖嘗味，乃食。

（二）禾花雀蒸蛋

1. 把雀用葱、薑、醬油、黃酒等滷半小時。
2. 然後一併調和在已經打和的蛋碗內，（須用海碗）加些葷油清水，攪和以後，便可上飯鍋蒸熟。

喫法：

1. 煨雀用甜蜜醬蘸食。
2. 蒸雀加醬油食。

第七節　雲林鵝

鵝雖家畜，同時和雞鴨等都是可食之物，然烹調不得其法，食來肉多渣滓而不美，故農家常畜以守夜，不常食。牠性機警，一聞異聲，卽引頸長鳴，夜間易使主人覺察，所以農家常用以防賊。若在白天，一見生人到來，邊鳴邊鏃其足部，彷彿示威的樣子。予少時喜狎而不敢近，常呼作「白烏龜」，因其羽毛潔白的緣故。牠所產的鵝蛋，倍于常卵，除食用外，可剖開做成鵝蛋盤，加半寸許的橢圓形之底，用硃漆塗成裏子，煞是可愛！前曾于繼母家裏得一具，珍藏而歸，不料歷二十年而毀，心很惋惜！！褱童年往事，不堪回首，想當年了。近讀元高士倪雲林集，有美味絕倫的蒸鵝法，用特介紹于下。

‧選料‧

1. 肥鵝一隻（宰好。）
2. 食鹽三錢（擦腹內用。）
3. 椒末少許（同鹽、加些黃酒同擦。）
4. 青葱一帚（羣芳譜作和事草。）
5. 蜜糖半杯（和酒拌。）
6. 黃酒一大碗（四兩同蜜遍擦全身，餘多注水鍋中。）
7. 薑一二片（解毒氣。——以上雲林蒸鵝的材料。）
8. 壯鴨一隻（江鴨瘦不如用大鴨爲佳。——遥是蒸鴨的材料。）

‧做法‧

（一）蒸鵝

1. 先把宰好的鵝，要整只的，洗淨後，用鹽、椒、酒、等拌和，遍擦內腹，擦透，把葱帚塞入，以塡滿爲度。
2. 外面週身統滿塗蜜拌的好陳酒，候用。
3. 次把鍋內放一大碗淸水，再將一大碗黃酒倒入，上用筷架，將鵝架上，不使鵝身着水。注意注意！鍋蓋邊用綿筋紙（卽桑皮紙）糊封（燥裂起來的當兒，潤一些水。）
4. 灶內取山茅柴二束，（每束重一斤八兩）緩緩的燃着，蒸起來，儘柴燒完，住。（柴一定要他自己燒盡，不可挑撥。）
5. 等到鍋子蓋冷了，揭開鍋蓋，拿鵝翻一個身，仍舊蓋好了，蒸再燒茅柴一束，燒完就好了。

(二)蒸鴨

喫法‧1.2.3.4.5.手續如上法。

將鵝肉撕食,用醬蔴油蘸之。(吃鴨肉法同。)

第八節 楊公丸

鎮江的獅子頭,頗負名于時,其實那裏及得前清楊明府家裏的肉圓呢!楊公肉丸,大得和茶杯一般,細膩絕倫!湯尤其鮮潔,入口像油酥一樣。因爲他製時去筋去節,剔除極淨,斬得極細,肥瘦各半,用縴合勻,所以瞧瞧不過是平常一種肉丸罷了;却是費過許多精密的功夫上去,自然迥不同凡品!今特介紹于下。

選料‧1.豬肉一斤(瘦肥各半。儘可肥多精少,但不可瘦多肥少。)

2.綠豆粉半小杯(即縴。)

3.豬腦子二副(捲去紅筋。)

4.薑汁一盅(把薑搗爛。)

5.油四兩(素油葷油都佳。)

6.黃酒三兩(除腥氣。)

7.醬油三兩(要好的。)

8.食鹽少許(細鹽。)

9.菜心半斤(預先炒熟。)

10白糖一撮(和味用。)

11蔴油少許(香味。——以上製楊公肉丸的材料。)

12蟹粉一碗(把蟹蒸熟後拆肉候用。——這是做蟹粉肉丸的材料。)

做法‧(一)菜心肉丸

1.把鮮肉乜去肉皮,拆去肉骨,切成薄片,再切絲,肉斬爛。

2.將斬肉盛入公碗內,和入腦子、薑汁、食鹽、醬油、黃酒、綠豆粉等,用潔淨之手做成和茶杯一樣的大小,攤放盆中。

3.把油鍋燒熟,下肉丸煎透,以兩面煎黃爲度。

4.傾下黃酒，加蓋稍悶片時。少時揭開，乃將菜心，醬油、食鹽、鮮水等，依次加入再燒。

5.燒了二透，和味加糖卽可。

（二）蟹粉肉丸

1.2.兩項手續如上，惟再加蟹粉和進，卽可。

5.3.4.仝上。

喫法：食時加滿蒜油少許，用筷分食。

第九節　東海夫人

淡菜一名東海夫人，俗稱貢干。最佳的名米貢，有滋陰之功。昔程澤弓製貢干，先用冷水泡一天，滾水煨兩天，撤湯五次，一寸的貢干發開有兩寸長大，形同鮮蟶一樣，入鷄湯煨煮，其味無窮。自程氏發明以後，揚州人大家效法，但是他的味道，都不及程澤弓氏所煮的好，大約不得其法吧！今把程氏的方法，介紹于下。

選料：

1.貢干三十只（放透揀淨候用。）

2.鮮肉蹄膀二斤（用刀刮去汚毛，破開候用。）

3.火腿脚爪半斤（或用火肉塊。）

4.金針菜一兩（放好。）

5.木耳一兩（放好。）

6.雞湯一鉢（或用其他鮮汁。）

7.黃酒六兩（解腥氣。）

8.食鹽二兩（鹹頭。）

9.冰糖二兩（和味用。——以上清煮貢干的材料）

10醬油六兩（紅醬油。）

11豬油四兩（卽葷油。——以上紅燒貢干的材料）

做法：

（一）清煮貢干

1.把貢干、鮮肉、火爪、金針菜、木耳等，一同放入沙鍋中，加鷄湯、清水滿鍋同煮。（貢干預先須照程氏方法焙製。）

2.煮透下以黃酒，再透下鹽及火肉片十幾片，然後用文火燜透。

3. 待爛再下冰糖味和起鍋。

(二) 紅燒貢干

1. 把豬肉切片以肥瘦多少爲佳。同貢干、醬油、豬油、黃酒、薑片放入鍋中，微下淸水，燃火煑燒。

2. 把鍋蓋燜緊，再用文火緩緩燜四小時，然後開蓋下些冰糖再燜半時，卽好。（煑熟後或用隨食隨煑法更妙。）

喫法。 喫淸煑貢干用醬油，紅燒須乘熱而食。

第十節　太守豆腐

這一種細膩而名貴的八寶豆腐，是王太守發明的。據說淸朝康熙皇帝曾把這個做法，賜給徐健庵尙書，徐尙書爲了這張御賜做菜的方法，在御廚房裏化了一千元的一筆鉅費。這個八寶豆腐，一有歷史上的價值，自然名貴非常了。他的材料，以嫩豆腐爲主要成分，次則松子仁、瓜仁、火腿、雞肉、香菌、大蒜葉等，亦占次重要的輔助地位。俗語說得好「牡丹雖好，綠葉扶助；」這是同一的道理。今把介紹于下。

選料。

1. 豆腐四方（嫩豆腐片切成粉碎。）
2. 松子仁少許（切屑。）
3. 瓜子仁少許（切屑。）
4. 火腿少許（切屑。）
5. 鷄肉少許（切屑。）
6. 香菌少許（切屑）
7. 鷄湯一公碗（去面上的油。）
8. 食鹽一撮（鹹淡嘗味）
9. 大蒜葉少許（切屑。——以上做八寶豆腐的材料）
10 菜油二兩（豆油亦可。）
11 醬油一兩（要好的。）
12 白糖少許（和味用。——以上紅燒八寶豆腐的材料。）

做法。

（一）八寶豆腐

1. 把豆腐切成粉碎，加松子仁屑、瓜子仁屑、火腿屑、雞肉屑、香菌屑同時放入鍋中。
2. 把濃的雞汁傾入，燃火煑滾。
3. 起鍋時，撒以大蒜葉屑，卽可食了。

（二）紅燒八寶豆腐

1. 把鹽滷豆腐切成方塊，用熱油鍋煎透。
2. 見已黃透，卽下松子屑等物，加醬油、鮮湯。
3. 再燒二透，和味加糖，便得。

喫法：喫王太守八寶豆腐，盛起加瓢，不能用筷子。酌加胡椒末、蔴油，均香美。

冬令食譜

第一章　點心

第一節　馬蹄糕

馬蹄爲粵語，卽滬語地栗，乃荸薺的別名，屬水菓的一種。古又有烏芋、鳧茈之名；鳧茈見爾雅，可見喫荸薺的歷史已經久遠了。荸薺產于水田中，初春留種，生芽埋泥缸內，二三月後，再移植田中，莖高三尺許，中空似飲汽水的麥柴管，嫩碧可愛。可作案上小盆景的欣賞。穗聚于莖端，所謂荸薺，乃地下莖的塊莖而已。荸薺色紅而透，食時削去其皮，肉作乳白色，味青而雋美。蘇地葑門外灣村出荸薺色黑，華村出荸薺色紅，味皆甘嫩，可稱名產。江西省城曰南昌亦產荸薺，尤多甘汁，據云不能墮地，墮地則糜爛不可收拾，其嫩可知。童謠有云：「好像山東嫩水梨」，卽指此物之美，不亞于萊陽梨而說。市上有所謂「扦光嫩地梨」白嫩如脂，爽雋無比。冬間可把荸薺置筐懸掛于風檐間，或個個置窗欞中，以待其乾，名曰風乾荸薺，彷彿風菱一樣的不易爛。風乾後皮皺易剝，味更甘美。亦有在生時煑熟而食，則名熝熟荸薺，亦具至味。吳俗吃年夜飯，飯碗底必置荸薺一二枚，謂之「掘藏」、又曰「一掘掘個大荸薺」！爲得利之兆，眞是財迷得一至于此，可笑！吾鄉人面部患癬，常削荸薺而擦患部，可愈；此亦潤面之一法，常人亦可採用，勝于牛乳之功。又誤吞昔時制錢，喫荸薺可使錢從大解而下，大約是功能潤腸的緣故。攷荸薺的故事：蘇州有糖食店曰野荸薺，頗負盛名。相傳該店築屋時，地下掘得荸薺一枚，碩大無朋，因卽以「野荸薺」三字爲店號。新張時，將掘得的野荸薺，供于櫃間，以作商標，一時遐邇紛傳，生涯大盛。至今時隔數百年，野荸薺商標流傳不衰，堪稱荸薺之幸數哩。若用荸薺磨粉製糕，潛沁爽口，名曰煎馬蹄糕，爲廣東名點之一種，今特介紹于下。

選料：

1。荸薺粉一升（用荸薺磨成。）

心一堂　飲食文化經典文庫

2. 白糖半斤（甜味。）

3. 薄荷露少許（或用薄荷葉煎湯應用。——以上做荸薺糕的材料。）

4. 洋菜一束（切段候用。——這是做涼粉的材料。）

做法：

（一）荸薺糕

1. 把清水入鍋煮沸，將粉傾下，煎成厚薄適宜的漿汁。

2. 和入白糖、薄荷露，盛起盤中，候冷凝結成糕，切塊供食。

（二）涼粉

1. 把洋菜入鍋加水熔成汁，候冷成凍。

2. 把白糖薄荷煎湯應用。

喫法：

1. 在冬間心中煩燥的當兒，偶食此糕，可以沁心。食時用叉叉取即可。

2. 將涼粉切塊裝盆，用白糖薄荷湯澆食。

第二節　山藥

山藥為地下莖植物，乃河南名產之一，產于淮陽縣，故有「淮山藥」之名。山藥的粗長不亞于塘棲甘蔗，據說以細小者為美。食法殊多；可以煮肉，可以做糕，可以和麵粉做餺飥和餅，席間點心，以山藥為甜品之一，分拔絲山藥及山藥泥（即山藥糕）等數種。扒絲山藥，以白糖加油炒為流質，將已熟之山藥條片倒入攪動，頃刻即帶糖汁盛碗中。食時糖已凝結，以筷夾山藥，即見銀絲一條，綿延不斷，即須浸入涼水中，一激即出，此時糖質已冷，糖絲已斷，遂送呈口中，其味至美！否則糖絲凝固不斷，且食來燙口，易惹人笑。拔絲云者，即此物自根拔起，有絲隨之之意。上海做法，以平館為上，至吾邑山景園，有重油山藥糕，亦有名，諸君如有機會游虞山時，可以嘗試一下。今把山藥的做法詳細說明于下。

選料：

1. 山藥半斤（擇肥大的，洗淨。）

2. 白糖一斤（和油並煎。）

3. 葷油一斤（加白糖煎。——以上做拔絲山藥的材料。）
4. 炒米粉一杯（發漲性用。）
5. 蜜棗六枚，（即貫棗浸胖出核候用。）
6. 桂圓肉十枚（將興化桂圓剝肉。）
7. 糖消豬油塊一公碗（用玫瑰或桂花同拌。——以上做山藥泥的材料。）

做法：

（一）拔絲山藥

1. 把山藥先行煮熟去皮，切成條片。
2. 次把油鍋煎熱，加糖煎炒。煎至將縴絲時，把山藥塊倒下，用鏟漸漸攪動，見糖汁已和山藥上滿繞糖汁，即可起鍋了。（松江八寶山藷法同。惟加蜜棗肉、胡桃肉、桂圓肉、甜脆梅及桂花等物。）

（二）山藥泥

1. 把山藥燒爛，去皮，用器研爛，去其渣粒，愈細愈妙。
2. 次加白糖、葷油、及炒米粉，（或用火炙糕五六片）放在一起打和。
3. 把蜜棗、桂圓肉，鋪入大碗底，將山藥泥裝入一層，中心嵌入糖消豬油塊，（或豆沙心）然後將泥加足滿碗，用大盆蓋好。
4. 將每碗移置蒸架三透即熟。

喫法：

1. 拔絲山藥宜乘熱而食，食時備冷開水一杯，未入冷水浸過，切不可進口，注意注意！
2. 食山藥泥時將盆取開，用碗合轉，置于洋盆中。面上或加蜜櫻桃數粒，以增美觀。

第三節　葡萄仙子

葡萄仙子的原料，爲葡萄乾、白果、鴿蛋三物。仙子即指鴿蛋而言。此點心以鮮嫩見長，但主要的輔助料，不免要借重白糖一物了。葡萄乾以無核爲上，有紫葡萄乾、白葡萄乾之分。葡萄乾的成分富有鐵質，爲滋補益人的果品，故用作點心最佳。據說美國葡萄乾公司所製的葡萄乾，在日光中產生，在日光

心一堂　飲食文化經典文庫

中收藏，所以牠公司裏的商標，用鮮紅的太陽為記，光芒四射，作作奪目，能引人注目。我很希望國貨食品店，能自己種植葡萄，又能自己製成葡萄乾，以挽回漏卮，而奪美國葡萄乾的位置；這一層意思，我在拙編晨報飲食研究第七期上已經說過，現在本書，也無庸多說，藉省篇幅。今且把葡萄仙子的做法，詳細說明于下。

選料．

1. 葡萄乾一盅（無核的。）
2. 白菓十枚（去殼。）
3. 鴿蛋三四枚（若是沒有，改為鷄蛋、鴨子、亦可代用。）
4. 白糖三兩（甜頭。）
5. 桂花醬少許（香頭。——以上做葡萄仙子的材料。）
6. 鷄湯一公碗（清淡鷄湯。）
7. 香菌五六只（放過候用。）
8. 上菜心二兩（切碎。——以上做青衣仙子的材料。）

做法．

（一）葡萄仙子

1. 把清水煮滾，把葡萄乾、白菓放下，先煮數透。
2. 次把鴿蛋破殼投入，煮一二透，加白糖桂花，即佳。

（二）青衣仙子

1. 把鷄湯煮沸，加熟菜心、香菌塊（對半切開）同煮，摻些食鹽。
2. 然後將鴿蛋加入，一燒即就。

喫法． 用調羹匙食。

第四節　珍珠圓

刺毛肉圓，雅名珍珠圓，用肉圓黏坿糯米，四週殆遍，蒸熟而成。到了蒸熟以後，糯米粒粒透明，如珍珠，故名。惟糯米須用上白糯米，否則名不副實了。食時放入沸過的鷄鴨湯，分碗供客，味清可口，能博賓主一日歡心，誠交際上的名點啊！今把珍珠圓的做法，詳細說明如下。

選料•

1.腿花肉二斤（去皮斬爛。）
2.鷄蛋三枚（取蛋白汁。）
3.食鹽少許（細鹽。）
4.黃酒二兩（放入肉糜內。）
5.醬油二兩（斬入肉糜內。）
6.白糯米一升（預先浸透。）
7.鷄鴨湯一鉢（燒熟。——以上做珍珠圓的材料。）
8.糯米粉一升（須要柔韌些爲佳。）
9.芝蔴五合（炒熟研細。）
10白糖四兩（和入芝蔴內。——以上芝蔴圓的材料。）

做法•

（一）珍珠圓

1.把肉糜加蛋白成丸，黏些浸透過的白糯米粒，上鍋蒸熟。
2.蒸熟起鍋，放入碗內，冲入鷄鴨湯，乘熱而食，卽味淸可口了。

（二）芝蔴圓

1.把糯米粉加溫水拌成適宜的糰塊，分摘無數小塊。
2.搓圓包進白糖芝蔴餡，揑好搓圓，逐個在糯米籃內滾滿米粒務使四周黏滿爲度。
3.把滾滿米粒的糰子，移置竹墊上鍋蒸熟，裝進盆中卽可供食。

喫法•

喫芝蔴圓另用桂花白糖湯同食。

第五節 餛飩

餛飩有縐紗餛飩、白湯餛飩、杜打餛飩的類種。縐紗餛飩有其形似故名。白湯餛飩純用淸鷄湯和入淸異錄云「金陵士大夫家餅可映字，餛飩湯可注硯。」元人饌史云「蕭家餛飩，可以瀹茗。」其湯之淸冽可知。杜打餛飩爲家庭中自製食品，另有風味。小兒呀呀學語時，母親常教他說面部的名稱，云：

「草毛頭（指髮，）夜閉（指目，）聞香（指鼻，）擂盆（口），斜菜鑲肉餛飩（指耳。）」煞是有趣！越俗喫髎，有「冬至餛飩夏至麵」的風俗，實則餛飩是四時常食品，沒有季節的分別。餛飩皮子的做法：以冷水浸麵，稍放鹼水，攪拌成塊，用趕鎚趕薄，切作方片，即可包裹斬爛的肉糜了。今把餛飩的做法，詳細說明于下。

選料：

1. 餛飩皮子一斤（市上有售，或杜打更佳。）
2. 蝦半斤（出肉，用酒浸漬。）
3. 腿花肉半斤（和醬油、黃酒，斬爛，須加稀薄些。）
4. 鷄蛋二枚（入鍋攤成蛋皮，切絲。）
5. 蔴油一酒杯（香頭。）
6. 蝦子醬油一杯（單用乾蝦子亦可。）
7. 紫菜一杯（先用醬蔴油炒熟。）
8. 葷油一杯（用豬油熬成。）
9. 大蒜葉一二枝（切屑。——以上肉餛飩的材料。）
10 四川菜少許（即榨菜，切小塊粒。）
11 鷄湯一鉢（清鷄湯。——這是白湯餛飩的材料。）

做法：

（一）蝦肉餛飩

1. 把餛飩皮中央加肉糜，逐一包裹。每隻之中，放蝦仁二三粒。
2. 裹畢，乃在鑊中加水燒沸。（大碗中預先放蝦子醬油及紫菜，此時將沸水冲入碗中，恰半碗。）
3. 即將餛飩倒入鑊中，煮沸，用爪籬撩起于碗中，面上加蛋絲、大蒜葉、蔴油、葷油等為佳。

（二）白湯餛飩

1. 把餛飩漉于沸水中，煮透即起。
2. 碗內先注清鷄湯及四川菜，然後將餛飩加入，上加蛋皮絲或開洋等均佳。

喫法：

食時用調羹，須當心眉毛脫在碗內，不可不防。

第六節　饅頭

「雪花兒飄飄，饅頭兒燒燒；」此情此景，眞最堪耐人尋味。饅頭一名饅首，相傳諸葛武侯征南蠻時發明，是一種實心饅頭，並不如今之有餡饅頭，餡心饅頭乃後人進化而成。蘇俗有盤龍饅頭之名，清顧祿清嘉錄云：「市中賣巨饅爲過年祀神之品。以麵粉搏成龍形，蜿蜒於上，復加瓶勝方戟明珠寶錠之狀，皆取美名，以識吉利，俗呼盤龍饅頭。」原案云：「華亭敬志載施相公諱鍔，宋時諸生，山間拾一小卵，後得一蛇，漸長遷入筩。一日，施赴省試，蛇私出乘涼，衆見金甲神在施寓，驚呼有怪，持鋒刃來攻，無以敵。聞于大僚，命總兵殛之，亦不敵。施出聞知之，曰此吾蛇也，毋患，叱之，奄然縮小，俯而入筩。大僚驚曰：如是，則何不可爲？奏聞施立斬，蛇怒，爲施索命，傷人數十，莫能治，不得已，清封施爲護國鎮海侯，侯嗜饅首，造巨饅祀之，蛇蜿蜒其上以死。至今祀者，盤蛇象于饅首，稱侯曰相公云云。吾鄉謝神筵中必祀施相公，饅首特爲施而設，蜿蜒于上者，乃蛇也；而皆作龍形，亦日久沿譌耳。」據說紹興望江樓的小饅頭，極夠味，不知何日能得嘗異味？今把饅頭的做法詳細說明于下。

選料：

1. 麵粉四升（以上白爲佳。）
2. 酵粉酌加（食品店有售。）
3. 玫瑰白糖豬油塊一公碗（這是甜心饅頭。鹹的用肉心蟹粉另有薺菜白糖豬油心亦妙。——以上做玫瑰饅頭的材料。）
4. 溫牛奶一杯。（鮮奶。）
5. 乳油二匙（和入麵粉用。）
6. 白粉一匙（和入麵粉用。）
7. 食鹽一匙（和入麵粉用。）
8. 酸餅半枚（功用同酵粉——以上做巴克饅頭的材料。）

做法：

（一）玫瑰饅頭

1. 把麵粉拌入酵粉，（先用溫水調和應用）拌成乾溫適宜的麵粉待其發酵性，洒些鹹水，搓成長條，用刀切成小塊。
2. 把小塊捺扁，每個包以玫瑰醬、白糖豬油小塊，裹好後放入蒸籠中以蒸熟爲度。

（二）巴克饅頭

1. 把牛奶、乳油白糖食鹽及清水等，互相混合，加入酸餅屑（先和溫水）及麵粉搓揑多時，愈揑愈見鬆軟。
2. 試取一塊，用手一摘爲兩，用力捽斷，其斷時有聲，酸卽適宜；若斷時無聲，再須搓揑待有聲爲止。若嫌乾，可將奶和入，靜置片時，俟其發酵能鬆發倍大時，取來製球形。一面將鍋上塗着乳油，將球形麵團置入，靜候其發酵，再至倍大時，用木桿塗些麵粉由球形中部橫壓成深痕一條。
3. 然後以溶解乳油塗其一部分，將其未塗之半片摺蓋起來，卽將兩部壓之使連。及其再行鬆大時，卽用其置入火灶，猛火烘他，約十分鐘，至十五分鐘，取出可食。

喫法：食時宜佐以牛奶或豆漿，以潤口。

第七節　米酥

米酥是用炒米粉、白糖、葷油諸原料而成。近年果酥盛行，米酥反而湮沒不彰了。因記求學時代，常帶果酥至校中以供早晚用點，其味頗佳。吾家有木刻米酥印模，是我的祖父親手鐫成的，作五梅花形，分大中小三種，現倘存在鄉間。今把米酥的做法述下，以廣流傳。

選料：

1. 炒米粉一升（用白糯米炒成再磨粉。若用血糯，最滋補。）
2. 葷油一大碗（用豬油熬好，和入炒米粉中。）
3. 白糖一斤（拌入粉內。）
4. 對丁少許（卽仁綠絲，作裝飾用。——以上做米酥的材料。）

5. 熟花生一斤（剝殼取肉。）

6. 豆沙一碗（作夾的餡子用。——以上做果酥的材料。）

做法：

（一）米酥

1. 把炒米粉放入白糖，用熟葷油拌和。

2. 次把拌就之粉，方裝入模型做成各式大小圓狀，可即貯藏。

（二）果酥

1. 把花生肉研細，加白糖拌和。

2. 先把研細的果肉鋪一層，上置豆沙，再以果肉蓋上，壓平，切成方塊，即成。

喫法：

食後宜進咖啡一杯，以爲調劑乾膩之品。

第八節　燕窩

「一年之補在于冬」。凡參茸、燕耳皆是補品，但吾人將何所適從呢！若是服人參和鹿茸，一則沉滯，一則熱旺，似乎不甚適宜的。至于燕窩和銀耳，賦性和平，清腴可口，可稱天然滋補品。清梁章鉅浪蹟續談云「燕窩出廣東陽江縣最多，或云海燕採小魚營巢，故名燕窩。或云，海燕啄食螺肉，肉化而筋不化，並精液吐出，結爲小窩，啣飛過海，倦則漂水上暫息，小頃又啣以飛，人依時拾之。閩小紀云：燕窩有烏白紅三種，紅者最難得，可治小孩痘疹，白者愈痰，今閩廣入貢者，鮮白無纖翳，云係人力所製而成，非天然如是也。吾鄉許青岩方伯松結云：燕窩產海島中，窮岩邃谷，足力繩竿之所不及，估舶養小猿之善解人意者，以小布囊繫猿背上，縱之往，升木躡崖，盡剝塞貯囊以歸。猿之去也苦不得食，三數日始返，估客以果餌充囊中，俾之遠出不飢。擷者出即剝塞囊中，歸而傾囊，不過數片，爲果餌占地也。黠者將果餌傾岩竇間，剝塞滿囊，往返數四，尤爲便捷，此一猿值數百金，價倍于擷者。許謹齋黃門志進，每晨起用燕窩合燕漿蒸食之，以融輭爲度，謂他人皆生食也，可終日不溺云。」近市上南貨店常以「暹羅官燕」「南洋毛燕」來號召顧客，我們也可以知道燕窩的產地了令。把燕窩的喫法詳細說明于下。

選料：

1. 燕窩五錢（泡以沸水，揀淨候用。）
2. 黃酒少許（解腥。）
3. 冰糖酌量（卽文冰。——以上甜燕窩的材料。）
4. 鷄片五六片（要嫩的。）
5. 雞湯（瀝淸。）
6. 火腿湯（瀝淸。）
7. 口蘑湯（瀝淸、——以上鹹燕窩的材料。）

做法：

（一）甜燕窩

1. 把燕窩用天然水（或河水，必須活水爲上。）煮沸水泡浸。再把銀針細心挑去黑絲，放進磁罐中。
2. 加清水燒透，下黃酒、然後將文火緩緩而煮；俟燕窩已變玉色，加上冰糖就好喫了。

（二）鹹燕窩

1. 把燕窩將上法泡浸，挑去黑絲，放進罐中。
2. 用鷄湯火腿湯口蘑湯瀝淸去脚，加入罐中，同嫩鷄片同煮，最爲鮮美。

喫法：

燕窩性溫補，陰虧虛弱的人宜常服用，可以滋補元氣。

第九節　銀耳

銀耳卽名白木耳。白木耳的產地，著名的是西蜀；可是市肆中的售品，來自黔陝鄂諸省的也不少，所以必都稱「四川銀耳」，是完全是商意經絡。補品功効王道，比較少弊端的，還是銀耳。銀耳如果眞是四川所產，絕對少流弊；就是自黔陝等地來的淸水貨，功效雖次些，還無害處；若是經過市儈人工燻製的，就萬萬喫不得了。因爲次貨色不純粹，市儈爲了要充上貨，竟有用硫磺燻製發白，欺侮外行；這是關于中國商人的道德問題了。要知道銀耳一經硫磺燻過，天然的補質全失，却更吸收進去許多硫磺的毒質，倘使喫了這種貨色，錢化得寃枉還在其次，身體的受害無窮了，我們須要鑒別清楚爲佳。近年營業競爭，有一種名叫金耳上市，價格較銀耳爲貴，色黃如金故名。今把銀耳的喫法，詳細說明于下。

選料：

1. 銀耳一錢（浸温水數小時，待其發脹，體積可漲出二十多倍。）
2. 文冰酌加（或用冰屑。）
3. 桂花醬少許（香頭——以上煮甜銀耳的材料）
4. 鷄湯一碗（漉清。）
5. 筍片四五片（須嫩的。——以上鹹銀耳的材料。）

做法：

（一）甜銀耳

1. 把發脹的銀耳，剪除根脚後，洗清爽，候用。
2. 次裝入罐中，加足活水，用文火燒煮熟爛濃厚。
3. 然後加進文冰桂花，味和卽佳。

（二）鹹銀耳

1. 把銀耳洗淨後，加清水鷄湯同煮。
2. 煮爛，加筍片稍煮片時，就可進食了。

喫法：

預備銀匙，晨起或就寢前進食，都好。

當銀耳煮的當兒，就可鑒別得眞僞優劣了。燻過硫磺的劣貨，色澤雖然潔白美觀，食時去了根脚，還是煮不爛，喫起來如嚼脆骨，有微聲。沒有燻過硫磺的佳品，色澤略帶些淡黃，浸入水裏，才作白色，煮爛就濃黏柔韌，百試不爽。

第十節　臘八粥

清明前一日有寒食粥。案：杜甫詩註，秦人呼寒食謂熟食，謂不動煙火，預辦熟食之物過節也。吳人過節二字本此。崑新合志則云清明前二日爲寒食，新喪終七而未逾年者，皆設長粽以祭，新葬者亦然。吳俗，清明、七月半、十月朔，家祭用麥麵，猶鄰中寒食祭先用麥飯也。到了十二月八日，爲臘八節，有臘八粥。吳自牧夢粱錄云：「十二月八日，寺院謂之臘八大刹等寺，俱設五味粥，名曰臘八粥。」孟元老東京夢華錄云：「一名佛粥。」陸放翁詩云：「今朝佛衔更相餽，反覺江村節物新。」周密武林舊事云：「寺院及人家，皆有臘八粥，用胡桃、松子、乳蕈、柿，栗之類爲之。」又吳曼雲江鄉節物詞小序云「杭俗臘八粥，一名七寶粥，本僧家齋供，今則居室者，亦爲之矣。詩云雙弓學得僧廚法，瓦鉢分盛和蔗胎，莫笑今年榛栗少，記曾晝粥斷虀來！」而九縣志亦云「十二月八日，以菓果入米煮粥名曰臘八粥。」至于富人家的臘八粥粥裏有果子、蓮子，配合成的十樣景，其實普通人家的臘八粥，連鹽、米、油、菜、薯、番芋頭、蘿蔔算在一起，倒也是次等十樣景呢。今把臘八粥的煮法，詳細說明于下。

選料：

1. 香梗米一升（新米。）
2. 糯米二合（白糯米。）
3. 胡桃一兩（用桃肉。）
4，松子半兩（卽松子仁。）
5. 香蕈半兩（放過。）
6. 柿餅三四枚（去核。）
7. 榛栗十個（剝殼。）
8. 蓮心半兩（去心。）
9. 黃實半兩（放浸。）
10 白糖半斤（甜頭。——以上七寶粥的材料。）
11 開洋二兩（用酒放過，去頭尾，）
12 火腿一塊（切細。）
13 熟鴨肉一塊（撕屑。）
14 熟精豬肉一塊（切屑。）
15 食鹽二兩（鹹味。）
16 鴨汁肉汁一公碗（鮮頭。——以上羅漢粥的材料。）

做法：

（一）七寶粥

1. 把米和水（一分米，四分水。）入鍋先煮一透。
2. 次把各物切細，放入改用文火再煮，以爛膩爲度。

（二）羅漢粥

心一堂　飲食文化經典文庫

1. 把雞汁、肉汁、米清水等入鍋，煮燒數透。
2. 次把開洋等加入，再下食鹽，再燜，再燋燋爛爲度。

喫法：甜食加糖，鹹食加醬油。

煮粥極難，隨園食單說見水不見米，和見米不見水，都不可稱是粥。尹文端公說甯使人等粥，毋使粥等人，亦具至理。但對于沈石田所謂「淡中自有滋味長」的話，予亦很佩服之至。

第二章　冷盆

第一節　板鴨

臘味鴨以新都的板鴨，廣州的琵琶鴨，最著名。兩種的風味堪稱同美，惟琵琶鴨乾硬過于板鴨，宜和粳糯米煮飯而食，或用湖南人的蒸飯法同蒸，方爲可口。板鴨的煮法，不可不講。普通煮起來，往往愈煮愈縮，皮裂油走，最不中喫。若照下面所述方法烹製，則可免裂皮走油之患。南京鴨鋪子裏的老闆多是回教中人，做板鴨最稱能手。每次宰鴨的時候，例行要請清眞寺的老師到來，手裏執着牛耳的快刀，口中唸唸有詞，霎時間在筐中亂叫一陣的鴨，已被殺死了。再把牠放在水盆裏泡浸後，一一拔去其毛，然後破肚取出「鴨四件」，以作另售之用。「鴨四件」是什麼呢？即是鴨肚內的雜件，如鴨石子、心、肝、膀脚等都是。在八月裏製造的，別稱桂花鴨，又名鹽水鴨，其味淡香，其肉肥嫩。板鴨則在十月裏製的，可以藏至夏天，既不會腐敗，又不失原味，是爲上乘。法將洗淨的鴨子，用多量的鹽醃擦過，加黃酒、香料等物，歇若干天，用老滷浸漬，上面鋪以荷葉，壓以石塊，使味透入骨部。隔了幾天取出，陳列着店堂裏的天花板上，他們的術語叫做「吊鴨坯」。排列整齊，煞是可觀。吃了南京的鴨，他處的鴨空有其名，骨瘦如柴，徒成色猕狀態而已。我並非替南京鴨作廣告，要是作廣告的話，一定要寫出南京的老牌鴨鋪子——韓復興來了。今把煮板鴨的方法，詳細說明于下。

選料：

1. 鴨坯一隻（向清眞教門館去買）
2. 黃酒二兩（料酒勿用）
3. 葱薑香料各少許（增香解毒之用）——以上煮板鴨的材料。
4. 琵琶鴨一隻（廣東館有售）
5. 白米糯米五升（白米三升五合，糯米一升五合。——這是琵琶鍋鴨的材料。）

做法。

（一）煮板鴨

1. 把鴨坯放進沸水鍋中，煮十廿分鐘取起，投入冷水中一浸。
2. 再煮再浸，如是三次，然後用文火煮爛，并放下黃酒葱薑等物，即佳。

（二）琵琶鴨飯

1. 把白米和糯米淘淨，倒入飯鍋中，加足清水，燃火煮透。
2. 次把琵琶鴨去尾翻，切成寸塊。俟飯鍋裏的水初收時，加入同煮；用文火緩煮數透，即成。

喫法。

1. 熟板鴨宜切長條塊，並宜下酒。
2. 琵琶鴨飯既可作點，又可作菜。——

第二節　臘鴨

廣東館中南安臘鴨最有名。據南安人說，臘鴨的原料品，全部向湖南方面採辦來的，俗呼做湖廣種。夏天到了，湖南地方的鄉民，從事購辦鴨苗（即雛鴨）開始喂養，經過秋天直到寒冬，那鴨已養成到肥而不老，便賣給鎭市的鴨行，由鴨行分批運到南安，出售給醃製臘鴨的店鋪。所以到了寒冬臘月，霜雪紛飛的時候，那醃製臘鴨店鋪，就在夜間開始宰殺，直殺到天明方始罷手。每一家店鋪的每一次宰殺，總在數百隻，視其購入鴨的多少，以定多少的數目。生鴨宰殺以後，就須褪去外毛，外毛易除，但毨的短毛，卻與皺皮結着不解緣，便分發鄰居婦女輩，用紗線乾扯脫去短毛。所以南安的腊鴨，鴨味鮮美，鴨色潔白，就因爲褪除鴨的外毛用水之外，其餘都是乾褪小毛的，這種方法，最好沒有了。短毛褪淨以後，剖腹開膛，取出腸臟，截去翼脚，腹部內外的血污，用布拭淨，再把熟鹽遍擦鴨身，放在缸內，好使鹽味入骨。那腿部肉厚，故意把腿骨折斷，所以分辨南安腊鴨的眞假，祇要認明腿部的變態，要是腿部有縮曲的狀態，骨頭折斷，鴨身潔白，那是眞的南安貨，否則是南雄貨了。南雄的腊鴨，在宰殺褪毛，工作製法，是一樣的。不過他們褪小毛，不用紗線扯拔，卻是浸放在滿桶的清水裏，用鐵鉗拔去，剖腹開膛，以及洗滌極少時光，離去水桶，醃製時候，也不折斷腿骨，所以他的滋味不鮮。鴨身色成焦黃，鴨腿直伸，醃缸一夜，明天就出售應市，這就腊鴨南安貨和南雄貨的分別處。無論南安南雄，製造鋪子，凡各幫前來購辦，就加蓋採辦者鋪號牌印，用竹簍盛裝，運輸各地，簍底腊鴨比較小些，簍面比較大些，所以博採辦者之喜歡。南安貨勝于南雄，但銷路上並駕齊驅；因爲一般購買者有誰識那種是南安，那種是南雄呢？今把南安腊鴨的蒸法，詳細說明于下。

選料：

1. 腊鴨一隻（切碎。）
2. 黃酒一兩（解腥）
3. 白糖少許（和味用。——以上蒸南安腊鴨的材料。）
4. 大鰳魚四五尾（去鱗破肚，浸入鹽水鉢內，隔七天取出晒乾，肚內滿塞豬油、食鹽、花椒，用紙包封，掛于通風處，約十餘天可用。）
5. 葱薑各少許（香料。——以上蒸包風魚的材料。）

做法：

（一）南安腊鴨

1. 把鴨塊同黃酒、糖，置于碗內，不加水。
2. 上飯鍋蒸熟。

（二）包風魚

1. 把鰳魚加酒、糖及葱、薑等，放入碗內，不必加水。
2. 亦上飯鍋蒸熟。

喫法：過酒最宜。

第三節　風鷄

風鷄是連毛醃的，一名帶毛風鷄。醃的方法有二點應注意：第一點是不去毛，第二點是不着水。鷄為食品中的珍味，惜尋常煮食，往往鮮味半入湯中，而鷄肉已不能具有特殊佳妙之處；惟帶毛風鷄能勝乎異常鷄肉多多了。他的味道，專取肥嫩。今把風鷄的製法，及燒法，一併詳細說明于下。

選料：

1. 童母鷄二三斤（一只。）
2. 食鹽半斤（炒熱擦鷄用。——以上帶毛風鷄第一法的材料。）
3. 木灰二三段（燒熱納入肚中。——這是帶毛風鷄第二法的材料。）
4. 黃酒二兩（解腥氣。——這是燒鷄之用。）

做法：

（一）帶毛風鷄

1. 把鷄挖去其肚實，（另食。）不着水，不去毛。
2. 把鹽炒熱，一半擦肚內，一半逆擦鷄毛。
3. 擦鹽既畢，懸于通風處，一月後，可食，

（二）帶毛風鷄

1. 2. 同上。
3. 再把燒紅的炭數段，乘熱納入肚中，紮緊裂縫，懸掛樑上，即可。

（三）煮鷄法

1. 食時先去其毛，乃煮水達沸點，然後以鷄置沸水中，加鍋蓋，即不可再加火。
2. 越半小時，將鷄取起，再煮水使沸，如前法，以鷄再置入鍋，便下黃酒。
3. 又半小時，取起供食，嫩而味美。

喫法：把鷄切碎裝盆而上席。

第四節　魚子

冬間池蕩養魚已成熟，有起蕩魚之舉。或用網，或用鷺鷥鳥（俗稱弔拿拿）大都網船上人担任此項工作。我的故鄉曾向人購得家蕩三分多，年納一元餘的養魚費，到了冬天，常分得鮮魚若干。清嘉

錄云「蓄魚以爲販鬻者,名池爲蕩,謂之家蕩。有所謂野蕩者,蕩面必種茭芡爲魚所喜而聚也。有蕩之家,募人看守抽分其利,俗稱包蕩。每歲寒冬,畢集矢魚之具,蕩主視其具衡值之低昂而矢魚之多寡,若有命而主之者,魚價較常頓殺,俗謂之起蕩魚。」又案:「府志云:魚秧細如針,纏池圍間,以時下此,三年可食矣。東鄉人畜以販鬻,今長洲境北莊基,南莊基,魚蕩尤多。」冬天爲收穫魚類的時期,而魚子亦多,若加以烹調得法,魚子的味道亦很佳美。今把魚子的做法,詳細說明于下。

選料:

1. 魚卵一斤(洗淨漂清。)
2. 雞蛋四枚(調和應用。)
3. 葷油四兩(或菜油。)
4. 黃酒三兩(解腥氣。)
5. 雞湯一公碗(鮮味。)
6. 食鹽半兩(不可太鹹,以少爲是。)
7. 白糖少許(和味用。——以上魚卵膏的材料。)
8. 豬油一兩(去皮。——這是魚卵圓的材料。)

做法:

(一)魚卵膏

1. 把魚卵同雞蛋調和,加些食鹽、倒入熱油鍋中煎透。
2. 傾下雞湯,加黃酒,再煑,然後下白糖,待味和,盛起綠甏缸中捺平,冷則凝結成塊即可。

(二)魚卵圓

1. 先把生豬油入小石臼中搗爛,即下魚子同搗,再加雞蛋、食鹽(一小匙)黃酒(少許)以打勻爲度。
2. 揉成圓形,入油鍋煎炙至淺黃色取起,即成。

喫法:

1. 切片蘸醬油食。
2. 蘸焦鹽或辣醬油食。

第五節　鹽菜

冬季家家鹽藏菘菜於缸甏,爲御冬之旨蓄,皆去其心，呼爲鹽菜，有經水而淡者，名曰水菜。或以所去之菜心，剗蔽蔓爲條，兩者各寸斷，鹽拌酒漬入瓶，倒埋灰窖，過冬不壞，俗名春不老。孫晉灝鹽菜詩云：「寒松秀晚色，油油一畦綠，殘年虀菜根，嗜此亦稱酷。所少園官送，絕喜野人劚。壓肩一担霜，百錢買十束。結繩戾嚴風，担檐暴晴旭。飛白撒晶鹽，殺青斷蒼玉。但覺兩眼饞，那顧雙手瘃。酸醬醉中漓，醯鷄甕中浴。每飯飽黃虀，鐺焦就菹綠。誰信苜蓿盤，至味等菽粟。旨蓄在室中，御冬亦已足。」又蔡云吳歈云：「晶鹽透漬打霜菘，瓶甕分裝足禦冬。寒溜瀉殘成雋味，解醒留待酒闌供。」南史江泌傳：菜不食心，以其有生意也。惟食老葉而已。禮記內則：屑桂與薑，以酒諸上而鹽之。吳語謂以鹺醃物曰鹽。鹽法從略，今把醃菜的做法，詳細說明于下。

選料：

1. 白菜半斤（只取淨心。）
2. 食鹽一兩（鹽菜用。）
3. 菜油四兩（炒用。）
4. 嫩冬筍片二兩（先煮過，切片。）
5. 風栗片二兩（先煮過，切片。）
6. 好鷄湯一杯（鮮味。）
7. 白醬油白糖各少許（以上醃白菜心的材料。）
8. 芥菜半斤（取心。）
9. 麻油三兩（煎炒用。）
10. 燒酒少許（香頭。）
11. 草菰一二十個（發泡至好，漂淨。——以上醃芥菜心的材料。）

做法：

（一）醃白菜心

1. 先把白菜心用食鹽醃過一宿，取起，洗淨，絞乾水氣，切作碎花。
2. 再把冬筍、風栗先各煮熟，切片。
3. 然後把菜心放油鍋中炒十幾下，加進筍片、栗片，再炒十幾下，和入鷄湯、醬油、白糖，再炒幾下，起鍋。

（二）醃芥菜心

1. 把芥菜心切成一寸餘長段子，略撒鹽花候用。
2. 次用蔴油炒至微轉黃色，撈起用熱水漂洗油氣。
31 再放菜入鍋，加上燒酒，略略一烹，即取草菰同洗汁加進去加蓋，爛八分再加白醬油盛吃極佳。

喫法：宜于作下酒物。

第六節　蘿蔔

蘿蔔的種類很多，有紅的，有白的，有甜的，有辣的；形式亦不一，有圓的，有長的，各各不同。普通餐食的蘿蔔是長而白的，俗稱太湖蘿蔔。北人喜吃生辣蘿蔔，性解口燥而能愈麵毒，極衞生。因此北方四時多食麵食，必蘿蔔助餐。南方筵席上，將進飯時，有菜碟，亦不少蘿蔔。洞微志云「齊州有人病狂，夢見紅裳女子引入宮中，歌曰五雲樓閣曉玲瓏，天府由來是此中，惆悵悶懷言不盡，一丸蘿蔔火吾宮。旁一道士云，君犯麥毒，少女心神，小姑脾神，知蘿蔔解麵毒，故曰火吾宮；火者毀也。狂者醒而啖蘿蔔，病遂愈。」這可知蘿蔔和麵有密切的關係。北平到了冬天夜裏，常常有叫賣的小販，發出「蘿蔔賽白梨」的歌聲，叫得很有詩意。他會把你的情緒摔撥到一個不可捉摸的境界裏去，又可使你發愁，像一個意大利歌劇班子唱的浮士德一樣的動聽。今把蘿蔔的喫法，詳細說明于下。

選料：
1. 太湖蘿蔔二個（切絲。）
2. 菜油二兩（澆拌用。）
3. 食鹽半兩（鹹味。）
4. 葱一枚（切屑。）
5. 白糖三錢（鮮頭。）
6. 蔴油少許（香頭——以上醃蘿蔔絲的材料。）
7. 小紅蘿蔔二個（洗淨。）
8. 陳醋半兩（鎮江醋——這是醋蘿蔔絲的材

心一堂　飲食文化經典文庫

料。)

做法•

(一)醃蘿蔔絲

1.把蘿蔔用水洗淨刮去其皮,用刀切成細絲,盛于鉢中。

2.擦以食鹽,揑去辣水,過淸。再加葱屑、白糖、用熱油澆拌,裝盆供食。

(二)醋蘿蔔絲

1.把小紅蘿蔔的兩端,切去一薄片,再用刀背扁敲使他分裂幾小塊。

2.然後裝入洋盆裏面,上加白糖,用醬蔴油陳醋拌和等到透味可食。

喫法• 用蔴油加入尤佳。

第七節 海蜇頭

海蜇頭一物,水母、海月、均是他的別名。質柔軟,形如鐘,常浮游水面上,尋覓食物。牠的邊緣及下面有觸手很多,裏面正中有口,屬于腔腸動物,和海參等同是海水中產物。漁人捕捉的方法,用手網撈取,下食鹽醃漬可供人食用。另有一種海蜇皮,亦供食用,最好用蘿蔔絲拌食。今把海蜇頭的醃拌法,詳細說明于下。

選料•

1.海蜇頭二塊(撕小塊,漂去沙質,務須剔盡。)

2.菜油半兩(澆海蜇用。)

3.葱花少許(把葱切屑。)

4.白糖一匙(和味用。)

5.醬油半兩(以上醃海蜇頭的材料。)

6.火腿片一塊(先煮熟,切片。)

7.冬筍片一塊(先煮熟,切片。)

8.白醬油半兩(同鹽合味。)

9.食鹽少許(以上蒸海蜇頭的材料。)

做法•

(一)醃海蜇頭

1.把海蜇頭洗時,沙泥務須剔刷淨盡,那末喫的時候便不致嚼着沙粒了。

2.漂浸一夜工夫，將他撕成小塊，洗淨，裝于大碗中，上面加放白糖、葱花。

3.然後熬熟菜油至沸，即澆上海蜇上面，用筷拌就，即可。

(二)蒸海蜇頭

1.把冷水將海蜇頭發開，漂盡腥氣，洗刮極淨，切作塊子。

2.把好清湯、火腿片、冬筍片，連同發好的海蜇裝入大碗中，一並去燉。

3.臨起鍋時加入白醬油、同鹽、合味。這時，海蜇頭可燉到幾分厚。惟燉的喫法每碗大約用料一斤，因此物縮力太大的緣故。

喫法：均加蒜油少許。

第八節 香腸

香腸一名臘腸。製香腸的時候，以冬天為最適宜。等到做好以後必須經過曬的工夫，方可儲藏，所以曬時最好在嚴冬北風口。若吹南風就不甚佳妙，

故名臘腸。有小做法，大做法兩種。小做法：把豬的小腸洗淨煮熟，用文火燜至極爛，刮成薄衣，即可加料製成。大做法把小腸放在一起，裝入木桶中，置于陰濕之處，任其腐敗，然後單取腸衣應用，惟須洗清加熱殺菌，方合衛生。今把牠的製法詳細說明于下。

選材：

1.豬腸一副（純取豬小腸。）

2.火腿一斤（切屑）

3.腿花肉二斤（切成長條塊。）

4.醬油六兩（拌肉用。）

5.食鹽一兩（拌用。）

6.黃酒四兩（拌用。）

7.白糖二兩（拌用。）

8.菜油二兩（拌用）

9.生薑皮絲一杯（將生薑切絲。——以上製造香腸的材料。）

做法：

(一)香腸小做法

1. 把小腸擦淨，同水煮熟，用緩火燒至極爛，刮去腸肉，純取薄衣。
2. 次把火肉及精肥各半的豬肉，切成長條塊，拌以醬油、食鹽、黃酒、白糖、菜油、生薑皮絲等物。
3. 拌和以後，然後塞入腸衣內，每五寸長用細線緊住一節。
4. 等全體塞滿紮完，再用針將腸週身刺小孔，以沸水淋過，即掛于北簷下通風處，再經日曬半月即佳。

（二）香腸大做法

大做法同上。惟因小腸太多，刮成薄衣太麻煩，所以要用大木桶一只，將無數小腸置入其中，放于陰濕之處，俟爛剩後，即取其腸衣，應用照上法製成。

喫法：把香腸或蒸食，或蒸蛋，惟須斜切片片乃可。

第九節　烤豬

烤豬即將小豬燒烤而成。所用小豬，至大不要過十五斤。烤時，還要整個的，方爲合宜。若用大豬就要皮厚肉老，不是烤得不透，就是易于焦硬，所以用小豬的好。烤的炭火，爐子雖然可以應用，終究不能烤得充分平均，不如擱在大炭火盆中，用明火緩燒，便當得多。燒烤小豬，務要靜心耐性，時時刻刻注意，萬不可性急求快。燒的時候，若要先在皮上燒起肉內的脂油，必定盡被火氣趕出，流在外面。再等燒肉的時候，肉味既會不美，皮上也爲焦硬，所以要先烤裏面的肉，那時肉裏的油脂，被趕上升到皮裏去，等烤皮的時候，油也不會走丁，味也異常的香美鬆脆了。肉皮上的顏色，也要注意，必要燒成一樣，不焦不韌，方算到家。假如正燒的時候，有過于燒紅的地方，就可以用一張白紙，拿水打濕，貼在上面，等到旁處的顏色都已一律了，將紙取去再烤，方不會有或紅或白的弊病。今把烤豬的做法，詳細說明于下。

選料：
1. 小豬一雙（要肥嫩的。）
2. 食鹽四兩（炒熟。）

3. 醬油一大碗（用紅醬油。）
4. 蔴油一公碗（除拌和外，另備一碗應用。）
5. 黃酒半斤（拌醬油等用。）
6. 五香料一份（研末，隨便酌量應用。——以上烤小豬的材料。）
7. 大豬肉五斤（要擇五花三層的整塊肉一塊。——這是烤大豬的材料。）

做法：

（一）烤小豬

1. 把小豬宰洗乾淨。
2. 把食鹽、醬油、蔴油、黃酒、五香末等物適度混和起來，塗在肉的裏面，用力揉擦，以透擦爲度。
3. 用大鐵叉叉住。
4. 臨烤時，在皮的一面，滿塗一層蔴油，然後到炭火上，緩緩燒烤，先由裏面烤起，看肉內的脂油，漸漸走到皮裏去了，方能翻轉，再在皮上烤個適度，務令鬆脆香紅，然後取下供食，

（二）烤大豬

1. 把整塊豬肉，在未烤之先，用快刀在皮上先括一次。然後將調和的醬蔴油等塗在肉的裏面，須擦透肉內，皮上再遍塗蔴油，如上法叉住。
2. 放在炭火上燒烤。烤了一陣，取下，再刮數下，再塗蔴油，再去燒烤；如此一連刮燒數次，總以燒到像小豬肉那樣薄的皮爲佳。

喫法：食時切條塊，或薄片，裝盆，佐以香菜，蘸以醬蔴油，味很香脆。

第十節 叉燒

叉燒爲粵南食品，即外人指爲唐菜的一種，實則不能代表我們全中們的食品；因粵人與外人通商最早，這是外人以粵菜代表中菜的緣故。外人對于中國飲食素極推重，所以在西洋書報中，可以找出關于中國飲食的起源的傳說來，雖然記載得不盡不實，但故事的結構頗合興趣條件。今日把字林西報的一段翻譯出來，供國人一笑吧。「中國人燒肉，自有特優的經驗，旅華日久的外籍人民，莫不歎

爲異味。但是那裏知道耶蘇誕生之前二千年，就發明這種方法了。原來一家養豬場失火，豬盡燒死，士著們不忍犧牲這許多寶貴的食料，大家就喫燒炙過的豬肉，不料一經嘗試，居然像哥侖布發現新大陸似的，以後居民竟不再茹毛飲血，完全改變熟食了。」我們讀了這段故事，眞是荒謬！試想當時人類還在狩獵時代，那裏懂得養豬法；這是不辯而明的事，毋庸多說。今把叉燒的做法詳細說明于下。

選料：

1. 豬肉三斤（七成精肉，三成肥肉。）
2. 黃酒兩大杯（上好陳酒）。
3. 醬油兩大杯（用滴珠紅醬油。假使沒有，用白醬油加上白糖調和亦可。）
4. 食鹽半兩（炒熟。）
5. 五香末少許（研細。）
6. 蔴油一杯（塗肉用。——以上叉燒肉的材料。）
7. 瘦豬肉三斤（二成肥肉，八成瘦肉。）
8. 花椒少許（研末。）
9. 生葱一結（用葱紮成。或另用一只鴨毛帚。——以上生烤肉乾的材料。）

做法：

（一）叉燒

1. 先把豬肉去皮，切六七寸長，五六兩重的條子。同時將黃酒、醬油、食鹽、五香末等混和起來。
2. 將切過的肉，放在醬油裏面，浸漬半天。
3. 然後取起，用鐵叉叉住，放在大炭火盆裏的明火緩緩燒熟；但將熟時，塗上一次杯內的蔴油再烤燒一度，卽可取食了。

（二）生烤肉乾

1. 把作料如黃酒、醬油、食鹽、花椒、葱結等物，混和以後，裝在大磁盆內。
2. 把肉切成手掌大小兩分厚片子，放入作料盆內浸半天。
3. 取起，逐片舖在大胡椒眼鐵絲平底撈杓裏面，入炭火上細心燒烤。烤時必須兩面輪流翻覆，均勻週到。

4.等兩面都已乾透，取葱結蘸原泡作料，厚塗肉的兩面，放在火上再烤，烤乾再塗，肉至香美為止。

喫法：

本食品可作吃粥下酒的小菜。

第三章　熱炒

第一節　菩提瓜

菩提瓜產山東，不知所自名。按菩提二字，梵語，即「正覺」的意思。佛家言正覺，既能自覺本性，又能普度衆生，遂成菩薩，位次于佛。嘗讀翻譯名義集：「西域記云：即畢鉢羅樹也。昔佛在世，高數百尺，屢經殘伐，猶高四五丈，佛坐其下，成等正覺，因謂之菩提樹。」又廣東新語云：「訶林有菩提樹，蕭梁時，知藥三藏自西竺持來，今大可百圍，作三四大柯，其根自上倒垂，以千百計，大者合圍，小者拱抱，歲久根包其幹，惟見根而不見幹。葉似柔桑，二月凋落，五月而生，僧採漚而之，惟餘細筋如絲，霏微蕩漾，比于紗縠，俗謂之菩提紗是也。」訶林在廣東，出念佛之數珠，即菩提子。若菩提瓜一名，則無從攷據了。瓜可作食用，味如日常之拌蘿蔔絲然，現吳縣北橋農民教育館有種植，出品成績尚佳。今把菩提瓜的喫法，詳細說明于下。

選料：

1.菩提瓜一個（洗淨候用。）
2.菜油一兩（素油都好。）
3.醬油四錢（紅燒用。）
4.食鹽少許（以少為是。）
5.白糖二錢（和味用。）
6.青葱一枚（切細屑。——以上炒菩提瓜的材料。）
7.蔴油少許（醃拌用。——這拌菩提瓜的材料。）

做法：

（一）炒菩提瓜

1.先把菩提瓜用沸水泡浸，然後去其皮，其肉白

心一堂　飲食文化經典文庫

能解裂，成線粉條狀。

2.再將油鍋燒熱，把苦苽絲倒入炒數下，下以醬和味加糖及葱屑，即可供食油、

3.食鹽等酌加清水。

（二）拌苦提瓜

1.仝上。

2.取醬蔴油酌量，拌而食之。

喫法：拌食最爲爽快。

第二節　冬蔬

冬蔬如經霜之大菜，帶雪之白菜，甜嫩無比，餘則如芥菜、薺菜、菠菜、芹菜以及蕪菁（大頭菜）等均爲冬蔬之要品。新詩人沈季疇的冬天的菁菜云：「天氣冷了！每天早上雪白的濃霜壓着那鮮嫩的青菜上，好像要滅他生機的模樣。那知道濃霜只管下降，這青菜偏天天生長。多謝濃霜！幸虧你加在我身上；使我心甜，使我肥壯。」這首詩很有意想，把菜的身價也抬高了。我很願意做人間的青菜，後來遣詩經胡懷琛改成五絕云：「寒霜打青菜，霜嚴空自嚴；不見菜心死，翻教菜心甜。」照詩來講，一樣地同是好詩，但是我總以爲前詩是活潑得多了。今把冬蔬的做法，詳細說明于下。

選料：

1.搨顆菜一斤（或白菜、大菜均可。）

2.冬菇十只（泡後切成絲。）

3.蝦米十只（用酒浸放切成絲。）

4.白醬油半小碗（浸用。）

5.葷油三兩（炒用要分二次用。）

6.白糖少許（和味用。——以上炒冬菰菜的材料。）

7.芥菜心半斤（取心。）

8.草菇十五只（放過。）

9.鷄湯一杯（鮮味。）

10.紅白醬油各半杯（適量。）

11食鹽少許。（不可太多。——以上炒芥菜心的材料。）

做法：

（一）炒冬菰菜

1. 先把揚顆菜去淨外面粗菜，同下截粗根，將嫩的地方切成二寸餘長的細段。
2. 再把冬菰絲蝦米絲（酌加豬肉絲）先浸在醬油碗內，（碗內加進少許溫水）約三四十分鐘。
3. 然後把葷油入鍋煉熱，傾入菜段，炒軟，卽下白醬油和糖各少許，炒幾下。
4. 同時另用小鍋一隻，煉熱葷油，把冬菰絲蝦米絲同豬肉絲等物撈起，放進鍋內，連炒數下，約半熟，卽行傾進白菜鍋內，一同炒幾十下。
5. 這時菜汁已經盡出，再將醬油溫水和浸冬菰、蝦米等原汁傾入，蓋好鍋蓋，用武火煮到恰好，取吃極佳。

（二）炒芥菜心

1. 把肥壯芥菜心去盡外皮，切作塊。
2. 放入熱油鍋內先炒。再用草菇、雞汁、紅白醬油及鹽加進。一同燜到透爛，起鍋。

喫法：

素食亦有風味。

第三節　殺騎馬

殺騎馬又名薩希賣，原爲滿州餅餌，其名稱亦爲滿語之譯音。此種食品粵中甚爲流行。其來源乃由塞北而流入於五嶺之南者，相傳清初旗兵南下，駐防廣州，其眷屬常以此款客。粵人輾轉仿製，遂相沿成習而自成風氣矣。近今平津滬三處亦有售殺騎馬一物，好似江北人售之鬆米糕，潔白無比。本食品原屬點心之一種，現改造製法用糖醋炒拌，味頗新奇。今寫述于下。

選料：

1. 雞蛋十枚（打和）。
2. 麵粉二升（上白粉）。
3. 葷油一斤（或素油）。
4. 糖膠一斤（用洋白糖和餳糖（卽麥芽糖）合煮而成。）

5. 白芝蔴半升（鋪在面上。）
6. 對丁少許（卽紅綠瓜絲。——以上做殺騎馬的材料。）
7. 鎮江陳醋半碗（或用米醋。）
8. 白糖四兩（和陳醋煎。）
9. 黃粉少許（和醋煎。——以上糖醋殺騎馬的材料。）

做法：

（一）殺騎馬製法

1. 把雞蛋麵粉和勻，切成長可寸許，粗度如箸的散條，用葷油炸之使鬆。
2. 炸畢，以煑沸之糖膠就鑊中將麵條和勻。
3. 先于工作之板上，鋪以芝蔴；隨將鑊中之物，傾于芝蔴之上，鋪之高寸許，上面使平，糝些對丁，俟其黏連結塊，然後按其售價之多寡而定分量之輕量，照度切塊，其事遂畢。

（二）糖醋殺騎馬

1. 把殺騎馬裝于洋盆內。
2. 再把醋、糖黃粉等入鍋煎成濃汁，俟其稠膩時，用鏟盛上盆面卽可供食了。

喫法：單食殺騎馬，可當點心。糖醋殺騎馬，並可作過酒下粥菜。

第四節 栗泥

栗泥彷彿山藥糕之類，不過材料代之以栗子吧了。近人陳石遺家善製栗泥，曰「栗不加糖而自甘，鬆酥不膩。」予則以爲非入糖不可又非加冰糖不可，這是與予製法相異之點。今試述栗子泥和百合泥的做法，詳細說明于下。

選料：

1. 栗子一斤（先行蒸熟，剝去皮衣。）
2. 冰糖六兩（鹹的用雞湯、火腿屑同炒，亦妙。）
3. 葷油二兩（熬熟豬油。）
4. 黃粉少許（或炒米粉——以上做栗子泥的材料。）
5. 百合一斤（白花百合。——這是百合泥的材

料。）

做法：

（一）栗子泥

1.把蒸熟去皮衣的栗子肉放盤中，擂到極爛。

2.用冰糖、清水、葷油及黃粉同入鍋炒成稀糊，去吃。

（二）百合泥

1.把百合剝開，洗好，去尖，浸于清水中。

2.約數小時，入滾水內焯熟，取起入盤用器擂爛。

3.同上2。

喫法：適宜于晨間和粥同食，味美絕倫。

第五節　驢肉

驢肉性甘無毒，吃了不啻服了一帖壯陽劑。對于性的功用極大，以烏驢爲尤佳。我國人食的很少，但我嘗牠美味最喜食之。肉少脂肪，具有一種特異之氣，苟非常食鮮有不作嘔者。肉色深紅，筋纖維細而柔軟，脂肪色黃，略帶黃褐，亦殊柔軟。且與肉不相夾雜，而但存于皮下。熔融之點，低于牛脂，祇需攝氏三十度之温度，內含屈利苦根頗多。其成分爲水分七三・六二，蛋白質二四・〇四九，脂肪・〇七二，灰分一・〇一七。今把驢肉的做法，詳細說明于下。

選料：

1.驢肉一大塊（取腿去皮。）

2.蔴油四兩（煎炒用。）

3.生葱三枝（切絲。）

4.冬筍一只（切絲。）

5.白醬油二兩（加些食鹽。）

6.黃酒二兩（去羶氣。）

7.黃粉少許（使湯汁濃厚。——以上炒驢肉的材料。）

8.食鹽二兩（炒熟。）

9.花椒少許（研末）

10甜蜜醬半碗（蘸食。——以上燒驢肉的材料。）

做法：

(一)炒驢肉

1.把驢肉用冷水洗淨血液，用沸水漂洗兩次，再切作條子。

2.次把蔴油熬熟，傾肉絲入內，炒十幾下，加上生葱絲、冬筍、上白醬油、黃酒及清水，一同再炒幾下。

3.起鍋時，加上一些黃粉調和，肉味極嫩。

(二)燒驢肉

1.把整塊驢肉用黃酒、醬油、花椒、熟鹽，揉擦極透。取起晒到微乾。

2.用鉄叉將肉叉住，肉上遍塗蔴油，放在炭火盆上，明炭火去烤炙，乾了再塗上些蔴油，再烤，等到驢肉烤熟為止。

喫法：喫燒驢肉時，或切成方塊，或切成條絲，或切成薄片，蘸甜蜜醬去吃，或蘸醬油、鹽、椒而食。

第六節　鹿肉

鹿為棲息山中之動物，性易柔馴，——日本人多有飼養者。我國人雖不知飼養，然多視為珍奇之品，謂其肉有溫補之力。大約每年四五月間分娩哺乳，經四五個月，則食草木之嫩葉，生後一年，長可二尺三四寸，生後二年，又長六寸。平時食草木之葉，至冬葉盡，則食樹皮以為生。獵戶如欲捕之，須于冬日入山，熟察其往來之路，專以鎗狙擊之。肉味頗似羊，成分亦相似，百分中含水七五、〇七六，蛋白質十九、〇七七，脂肪一、〇九二，無窒素物一、〇四二，灰分一、〇一三。今把鹿肉的做法，詳細說明于下。

選料：

1.鹿肉一大塊(取肥去皮。——上海藥店每年有宰鹿之舉，視為重典，用以號召顧客。)

2.蔴油四兩(煎炒用。)

3.生葱三枝(切絲。)

4.冬筍一只(切絲。)

5.白醬油二兩(加些食鹽。)

6.黃酒二兩(解氈氣。)

7.黃粉少許(和湯用。——以上炒鹿肉的材料。)

）

8. 紅棗十枚（浸泡。）
9. 花椒少許。（研末。）
10 生薑一塊（搗汁。——以上燉鹿肉的材料。）

做法：

（一）炒鹿肉

1. 把鹿肉去皮，用冷水洗淨血跡，再用沸水漂洗一過，切成絲子。
2. 把蔴油入鍋煎熱，傾鹿肉絲入內，不絕連炒十幾下，加上生葱絲、冬筍絲、白醬油及清水再炒幾下。
3. 起鍋時，加下黃粉漿即佳。

（二）燉鹿肉

1. 先把鹿肉去淨毛，切成一兩多重的方塊，用沸水澆淋二次。
2. 再把黃酒和山泉水，加上紅棗、花椒、生薑汁，燉到八分好。再將醬油、酒、鹽放進，再燉足二分熟，即好。

喫法：鹿肉的風味，比各種獸肉分外要濃厚些，或用豬肉去同燉也好。

第七節　熊肉

熊肉味甘無毒，亦棲息深山之野獸。喜居空地，力甚強大。其肉頗多脂肪，味雖不甚佳美，然其掌自來視爲珍品。其胆又可作藥劑。昔仲郢苦學不倦，而母食以熊胆丸。脂油則用於外科，亦堪作食料。毛物則用作坐褥，故獵人頗重之。今把熊肉的做法，詳細說明于下。

選料：

1. 熊肉一塊（腿子約半斤。）
2. 花生油六兩（或用蔴油。）
3. 冬筍半斤（去籜切絲。）
4. 黃酒三錢（去羶）
5. 白醬油一兩（加些食鹽。）
6. 生薑汁少許（搗汁。）
7. 黃粉少許（調漿。）

8. 生葱少許(切絲,——以上炒熊肉絲的材料。)
9. 熊掌一只(與温水泡軟。)
10 酸醋少許(陳醋)
11 大蒜少許(切絲。——以上蒸熊掌的材料。)

做法

(一)炒熊肉

1. 把熊肉絲,冬筍絲一同放入熱油鍋內炒十幾下,加上黃酒、白醬油、生薑汁,再炒幾十下。
2. 然後放入黃粉漿,略略揉拌一刻,即好。吃時加生葱絲。

(二)蒸熊肉

1. 把熊掌用水泡過,俟輭撈起。再用沸水泡洗,去毛弇淨,裝入大盆中。
2. 加進黃酒、酸醋,上鍋蒸爛。
3. 然後拆骨,用刀切片,再入盆中,同鷄肉汁、醬油、酸醋、薑、蒜等再蒸至極爛熟爲度。

喫法 熊掌爲八珍之一,偶一食之,未爲不可;若常食,味既平常,又耗經濟,太不合算。

第八節 雪梨

梨爲百果宗,用以炒鷄,味極爽脆。若同鴨塊炒,加些栗子,亦妙。講到梨的產地,萊陽梨爲世人所熟知,但碭山的黃酥梨,多汁味甘美,皮色黃,大酥,能解渴潤肺,以碭山二區毛堤口者爲最良。今把雪梨炒鷄,雪梨炒鴨的做法,詳細說明于下。

選料

1. 鷄一只(宰後,割取胸膛肉。)
2. 雪梨四只(去皮及子,切片。)
3. 葷油四兩(或素油。)
4. 蔴油一匙(香味。)
5. 食鹽少許(細鹽。)
6. 薑末少許(搗汁。)
7. 花椒末少許(香頭。)
8. 冰糖三錢(或冰屑。——以上炒雪梨鷄的材料。)

9.鴨一只（最好取鴨腿。）
10醬油二兩（加些食鹽。）
11栗子四兩（去殼蒸酥。——以上炒雪梨鴨的材料。）

做法：

（一）炒雪梨鷄

1.把鷄宰好去毛雜，割取胸膛肉，切成薄片。
2.次用葷油炒三四下，加以蔴油，再炒幾下。
3.即行加進食鹽、薑末、花椒末等，然後加梨片冰糖，即可起鍋了。

（二）炒雪梨鴨

1.把鴨宰好取鴨腿切塊，並鴨肉，入油鍋炸透。
2.次加黃酒醬油食鹽、栗子梨片及清水等，用文火煨燜至爛爲度。

喫法：

一則甜嫩，一則酥肥，味道均稱上乘。

第九節　鷄鴨腎

鷄腎鴨腎和豬舌三物，嫩而無骨，最爲可口。豬舌俗名門槍，又名賺頭。商店中人到了年夜，必食此物，以爲吉利。予之喜食此物，並非迷信，因爲牠味美的原故。炒鷄鴨腎以平館蘇館爲上。今介紹于下。

選料：

1.鷄鴨腎半斤（用黃酒醬油浸漬。）
2.好醋半杯（以陳爲上。）
3.葷油二兩（炒用。）
4.蒿菜三兩（揀淨，切細。）
5.食鹽少許（入味用。）
6.花椒少許（香味。——以上炒鷄鴨腎的材料。）
7.豬舌數個（泡過，去淨。）
8.雪里蕻二兩（鹽的。——以上炒豬舌的材料。）

做法：

（一）炒鷄鴨腎

1.把鷄鴨腎用刀切塊，浸于酒、醬中，浸透、拌以醋。
2.次入熱油鍋中炒十幾下，加進食鹽、醬油、黃酒、花椒末及蒿菜煮一二透便佳。——這是平館法。

3.把鷄鴨腎用刀切花，用黃粉、黃酒、醬油、等拌之。然後再用葷油炸熟，加和頭及作料，食之亦鮮。——這爲蘇館法。

（二）炒豬舌

1.把豬舌用刀刮去其穢，漂洗潔淨，倒入鍋內，加清水煮透，加黃酒再透加醬油。三次之後，用白糖和味即可。

2.次把香糟糟好，用刀切片。

3.然後用雪里蕻同入油鍋炒透，即成。

喫法：

鷄鴨腎要吃得嫩，豬舌易老，燒時不可多爛。

第十節　老鼠飯

老鼠飯既可作菜，又可作點，一舉兩得。他的味道勝于此間杜打麵條，因爲他是用牛肉味或豬肉炒的。在廣東大埔地方，極爲風行。其形如玉鼠，滑膩可愛，因爲得名。飯之原料，以粘米爲宜，而粘米中尤

以茜米爲上。因爲用茜米來做老鼠飯，滑中帶爽，最爲適口的緣故。今把老鼠飯的做法，詳細說明于下。

選料：

1.茜米粉二升（水磨乾磨均可。）
2.牛肉半斤（豬肉亦可。）
3.葷油二兩（炒牛肉用。）
4.味娘少許（香味。）
5.葱花少許（香頭。）
6.胡椒少許（香頭。——以上做老鼠飯的材料。）
7.南瓜二個（刮去皮。）
8.葷油二兩（炒用。）
9.食鹽少許（鹹頭。）
10糯米半升（淘淨。）
11開洋半兩（或蝦米，用酒放好。）
12麵粉半升（用水和勻，加些食鹽，搓成麵糰子。——以上做麵老蟲的材料。）
13鹽菜二兩（用鹽雪里蕻爲佳。）

14 鱓子十廿只（用酒、醬煮熟、去殼候用。或改用肉絲亦可。——以上刮麵條的材料。）

做法：

（一）老鼠飯

1. 造飯之法，用一長方木板，長三尺，闊一尺，薄一寸，中刨凹形，穿鑿多孔，如機關槍狀，名為飯擦。

2. 把芮米粉小一半，放在鍋蒸熟，然後攙入生粉，加適量之水，用力擦勻。

3. 再把水鍋燒滾，架飯擦板于鍋上，將粉徐徐擦之，其粉由木板孔中作二寸長，一條一條攢到水底，再升起水面，以竹篩摟起，光滑晶瑩，恍如嚴冬大雪之降，簷牙間所垂下的冰箸一般。飯成。

4. 另買牛肉切絲，用葷油炒透，加酒、醬、白菜、胡椒等炒熟。把味娘逐次滴入鍋中，須數聞「瀑瀑」之聲，才畢事。切不可作一次傾入，而使其香氣不能撲入鼻管。此名牛肉味。

5. 然後把老鼠飯分盛碗中，卽以牛肉味加于飯上，滲葱花、胡椒末一撮，趁熱食。

（二）麵老蟲

1. 把南瓜刮皮去淨，取肉切成薄片塊，倒入油鍋中炒之，炒至五分鐘，加入清水。

2. 再加糯米、開洋、麵糰子及食鹽，關蓋燒爛為度。

（三）麵條

1. 把麵粉拌和，揃勻，成寸餘長四五分闊的麵團。

2. 一面將水鍋燒沸，隨切隨入鍋中，切完為止。

3. 另把鹽虀用油炒過，仝鱓子一起放下，再加些菜油一透為度，

喫法：菜點兩用。

第四章 大菜

第一節 豬小肚

豬的內材，一到冬天，都是美味了。單就豬的小肚來說，可以做蓮子肚，可以做和尚抱尼姑。什麼叫和尚抱尼姑呢？因為豬小肚肥胖圓滑，所以象形和

心一堂 飲食文化經典文庫

尙，再有仔鷄瘦嫩，就叫他一個尼姑名字，一內一外，抱得緊緊密密的，所以給他這個和尙抱尼姑的名字。猪小肚洗的時候，用赤沙糖或食鹽同擦，臭味卽去。今把蓮子肚和和尙抱尼姑的做法，詳細說明于下。

選料：

1. 豬小肚一只（擦去臭味。）
2. 湘蓮四兩（沸水泡浸後，去皮心。）
3. 食鹽、葱薑各少許（用葱段、薑片——以上煮蓮子肚的材料。）
4. 全仔鷄一只（破肚洗淨。）
5. 糯米二三合（淘淨浸透。）
6. 紅棗六個（浸胖。）
7. 食鹽一兩半（擦鷄用。）
8. 黃酒一大碗（解腥用。——以上蒸和尙抱尼姑的材料。）

做法：

（一）蓮子肚

1. 把豬肚擦去膩穢，洗淨，內處用鹽擦過。
2. 次把蓮子泡浸去皮及心，納入肚內，可以線紮住。
3. 下鍋加清水、葱薑之類，用文火燜爛，乃食。

（二）和尙抱尼姑

1. 把全仔鷄破肚去雜，卽把浸透白糯米、紅棗、紅蓮等三物，塞入鷄肚內使滿。再把頭足屈折起。
2. 次把鷄塞入括洗淸淨的猪小肚內，用鹽擦其周圍內部，淋些鹽水，放在蒸盤裏，放入足量的黃酒，至少要浸透沒物體的全部，不要加水。
3. 然後蒸之使熟，卽成。

喫法：蓮子肚宜淡食，大有開胃健脾之功。

第二節　蜂窠肉

此肉以形似蜂窠而得名。同荔枝肉梅花肉，可稱肉林三友。今把他的方法一併寫在下面。

選料：

1. 豬肉二片（鮮肉切方塊。）

2.蝦仁四兩（去殼取肉。）
3.黃酒四兩（陳的。）
4.醬油六兩（紅醬。）
5.紅米少許（顏色。——以上蒸蜂窠肉的材料。）
6.菜油半斤（炸肉用。——這是炸荔枝肉的材料。）
7.雞蛋四枚（打和。）
8.葷油半斤（炸肉用。）
9.冬菇十只（和頭用。——以上煮梅花肉的材料。）

做法：

（一）蜂窠肉

1.把半肥半瘦的肉，切成四方形的大塊，用沸水略爲燙硬候用。
2.每塊肉上，把蝦仁一只，可用刀剜開肉孔塞入。
3.然後加肉湯兩碗，並且加些紅米和黃酒、醬油等，上鍋燉熟便成。

（二）荔枝肉

1.把肉切作大骨牌塊，入鍋加水，煮二三十沸，撈起。
2.再將油鍋燒熱，放下炸透，即用冷水激之，即成皺裂狀，略似荔枝。
3.然後仍入鍋內用黃酒、醬油、清水斤半等再煮，以爛爲度。

（三）梅花肉

1.把肉用刀切成梅花狀，作五瓣式。乃以雞打和拌釀。
2.再用筷箝入熱油鍋中，炸至黃色爲止。
3.然後用清水一斤半，關蓋煮爛。再加冬菇作和頭同時下以醬油食鹽再燒數透即成。

喫法：

蜂窠肉以肥腴勝，喜食膘水的人嗜此。

第三節　蝴蝶魚

冬天是魚的季節，淡水中所產的鯉、鰱、青等魚，都可作蝴蝶魚的材料。三者之中，尤以青魚爲最佳。

惟須活製，死則肉鬆而不潤滑。俗有吃經云「青魚尾巴鰱魚頭」可見鰱魚青魚之美今把蝴蝶魚的

做法詳細說明于下。

選料

1. 青魚一尾（去頭尾另行煮食，純取其肉段。）
2. 豆粉半斤（槌魚片用。）
3. 黃酒四兩（去腥）
4. 醬薑二塊（切片。）
5. 香菌六只（切片。）
6. 食鹽少許（鹹味。）
7. 蔴油少許（香頭）
8. 薑汁少許（搗極爛。——以上蝴蝶魚的材料。）
9. 瘦肉半斤（切碎。）
10. 蝦米十多只（切碎。）
11. 葱花一枝（切碎。）
12. 醬油四兩（上好醬油）
13. 胡椒末少許（香味。——以上魚餃的材料。）

做法

（一）蝴蝶魚

1 先去魚之皮骨，剖爲二塊，切薄片，連二片爲一，張開。

2. 用木槌和上好豆粉槌之，不可過薄，亦不可過厚，以適度爲止，其形如蝶，故名。

3. 然後把清水沸騰數次，將魚和黃酒、醬薑、香菌、食鹽等片，置入鍋中再沸一二次撈起，加麻油于盆中用薑汁拌食。

（二）魚餃

1. 把魚去皮皮骨使淨，剖爲二塊，切成薄片，如蝴蝶魚末槌時之狀。

2. 次把瘦豬肉、蝦米、蔴油、葱花、黃酒、食鹽等切碎，做成橢圓形，包于魚片之中。外用魚皮，切寸許長，搏之使緊。

3. 然後置釜中，用清水和上好醬油黃酒煮熟，取起，加蔴油胡椒末而食。

喫法

裝盆供客，必得客歡。

第四節　羊肉

羊肉性熱，功能滋補氣血。爲了他有這樣的特點，無怪冬季吃的人很多。羊的種類極多，大別可分爲二類，山羊與綿羊。綿羊又名胡羊，他有螺角、蘭勃、粵國、皺皮、場羊、南邱、皺鼻、黑面、一角、髯羊、大角等類。山羊，如雪羊、埃及羊、柔毛羊之類。飲膳正要云：「羊肉味甘，大熱，無毒。」功能補虛勞，益氣血，壯陽道，開胃健力，通氣發瘡。不過我們要注意煮羊肉不宜用銅器，且黑羊白頭以及獨角四角的，都是毒羊，食之易生癱病，且不可與蕎麥麵豆腐同食，否則發生痼疾。醋與生魚酪亦在禁忌之列。倘有火症以及其他宿疾，更不相宜吃羊肉。羊肉富羶氣，有礙味覺，但亦有兩法解救：（一）蘿蔔刺破外皮，和羊肉同燒，沸時如有浮沫發現，即用匙逐漸撂而去之，待沫盡湯清，再取出蘿蔔。（二）浮沫盡去，加上好黃酒，也是去腥的良法。漢書「烹羊炰羔」，註：「炰，炙肉也」，考羊的烹法在漢代已經很講究了。今把羊肉的燒法，詳細說明于下。

選料：

1. 羊肉二斤（胡羊或山羊。）
2. 黃酒六兩（去腥氣。）
3. 醬油六兩（紅醬油。）
4. 食鹽少許（精鹽。）
5. 老薑三四片（嫩塊。）
6. 蘿蔔一個（解羶氣用，燒後棄去。）
7. 紅棗四五個（同上。——以上煨羊肉的材料。）
8. 羊膏一斤（市上有售，其法從略。）
9. 白糖少許（不可太多。）
10. 酸醋少許（陳的爲佳。）
11. 羊肉原汁一碗（上湯亦可。）
12. 大蒜葉二枝（切屑。——以上燉羊膏的材料。）

做法：

（一）煨羊肉

1.先把羊肉切成大塊，每塊約半斤，用稻柴紮成十字形，因恐燒酥後精與肥分開之故。

2.次放入鍋內以清水煮之，一沸之後，卽將羊肉取起，以清水洗之。

3.然後放入大號瓦鉢中，（可放四塊）加酒、醬、食鹽，（多少隨口味而增減）不必加水，再加薑、蘿蔔、紅棗等，將蓋[illegible]緊，勿使出氣。

4.窩窠內先置缸一只，內加炭墼四個，大約煨四小時，卽佳。

（二）燉羊膏

1.把羊膏加醬油、白糖、酸醋等物，再加原汁，盛以大碗。（或加粉皮作和頭亦妙。）

2.把碗置上鍋架煮二透以後，摻上大蒜葉屑，清香肥嫩。

喫法：以熱吃為上。

第五節 狗肉

「僕獨僕獨！僕獨燒狗肉，狗肉香，請先生，……」聽了孩童們的歌唱，益覺狗肉的香美而饞涎欲滴了。

狗肉味最美，耐咀嚼，食餘狗肉絲塞齒隙，以舌舐餘馨久久且不絕。犬有三，以功用分，曰田犬，曰吠犬，曰食犬。食犬既不能守，又不善吠，飽食而嬉，肥碩供人割宰。剝其皮，去臟腑，以新泉滌血污，支解，辨肉絲斜切之成塊。用醬入鍋炒，納肉于內，老葱用白斷二寸長，沿鍋緣平置，薑三片，大蒜十餘瓣，敷肉上，入水，以淹過肉寸有五為度，密蓋。草藁燃燒，初惟猛，已沸，洒鹽粒，火愈猛，肉已縮，火力漸殺，自後歷一句鐘文火，肉成，香四溢，牆角之猫，籬邊之狗，若蠅逐臭，灼灼然望諸鍋，頻掀其鼻。燒酒呷兩口，夾肉吞，隨撚生蒜納于口大嚼，酒與肉內鬨，汗且涔涔，周身毛孔畢張，挺其胸，撫腹而歌，當自笑口福非淺。按狗肉不獨味美，且為無補品，惟宜冬而不宜夏。但據湖廣諺云「冬至魚生夏至狗，」則否，大約地氣的關係了。據云此間之野狗，到了湖廣一帶，可值銀元二三枚之數，未知確否？昔人有鄭板橋，以書名，尤善蘭竹，字體兼篆隸，人爭重之。當時有揚州鹽商慕板橋書，以多金求之，終不得，乃思一計以愚之。一日，板橋出城，行三四里，獨木駕溪，叢樹成塢，蓋鄉村也。愛其幽僻，徘徊不忍去。忽聞琴聲出幽篁中，尋聲而往，得茅屋，一老人枯坐榻上，撫琴而彈。一几一爐外無他物，爐上一鉢煮羹，芬芳撲鼻，知爲狗肉，板橋嗜此，見之涎流。老者見板橋，兀然不動，如未見者然。板橋異之，問曰：「君嗜狗肉乎？」曰：「世上萬物，惟此爲上。」板橋曰：「我亦有同嗜。」老人曰：「然則汝亦知味者也，可嘗之。」遂對坐大嚼。既畢，板橋興發謂曰：「汝壁上獨無畫乎？」曰：「苦無佳者。惟鄭板橋稍有名，然終未見其畫，不識究竟佳否？」板橋曰：「未見板橋書耶，今可畫與汝看。」適几上有素紙十餘幅，潑墨塗之，頃刻而盡。老人曰：「尙好。我姓某某，可落款。」板橋曰：「此非某鹽商之號乎？汝何亦號此？」老人曰：「我取此號，某鹽商就未出世也。我自我，彼自彼，何與焉。」板橋無語，一一爲寫之而去。明日，某鹽商大讌賓客，託知交堅約板橋一臨，至見四壁張己畫，皆昨日爲老人作也，不樂而返，出城訪老人，逸矣。老人受鹽商囑而爲此，板橋蓋受其愚也。——此文見某君藝苑餘談，可稱吃狗肉的笑史。近人梁寒操，亦嗜狗有癖，故梁氏廚中，役有精烹狗肉之廚師，偶而奉客，大快朵頤。此與魯人嗜蒜，蜀人嗜辣，甬人喜食海味，蘇人饌帶甜味，皆各有所嗜而已。今把狗肉的烹法，詳細說明于下。

選料

1. 黑雄狗一隻（約重十一二斤。）
2. 水酒一大鉢（泡洗用）
3. 素油半斤（適量。）
4. 黃酒三大碗（解腥。）
5. 香菰二十餘只（浸胖，去蒂。）
6. 甜腐竹十一二兩（不要也可。）
7. 冬筍一斤（或筍乾，切塊。）
8. 紅棗十數個（浸胖。）
9. 黑豆一大碗（油爆過的。）
10. 陳皮一兩（香料。）
11. 紅乳腐汁半杯。

12 食鹽一二兩（嘗味再定多少。——以上燉狗肉的材料。）

13 甜蜜醬一大缽（炒用。）

14 老葱十枝（用葱白頭切二寸之段。）

15 薑三斤（多少隨意。）

16 大蒜十餘枝（切寸段。——以上燒狗肉的材料。）

做法：

（一）燉狗肉

1. 把雄狗在十天以內，專喂給些上等飼料，切勿再食不乾淨的東西。等養足十天，就于下午，用棍打死，熱水燙洗去淨毛。

2. 取稻草在廣坪中燃燒，將狗肉放上去緩緩炙烤，務要遍身成淡黃色爲止。

3. 把狗破肚，除去腸肺各物，把肉切作五大塊，用水酒泡洗一過，掛在當風的處所，大約吹一個時辰。

4. 于是放在鍋內，同淨水去煮到剛熟透心提起，瀝乾水氣，折去大骨，再分切成一兩重的塊子。

5. 把素油入鍋熬煎，放入狗肉小塊，爆炒一過，再加上兩三大碗的黃酒，蓋蓋煮三四刻鐘。

6. 于是共盛入大瓦缽內，酌量加入淨山水，放炭火上去燉。大約至七分好，再加上香菰、甜腐竹、冬筍塊、紅棗、黑豆、陳皮、乳腐汁等合味。

7. 等燉好了，將蓋揭去，用稍高的物件，承着缽子，（或令人看守）置放天井裏去露一夜。到第二天早晨，再行取轉，用蓋蓋好，置炭火上再行燉滾，乘熱去吃。

（二）燒狗肉

1. 把狗肉塊用醬入鍋炒之，用葱白頭沿鍋邊平置，薑及大蒜敷肉上，加山泉水過肉面一寸五分爲度。

2. 加鍋蓋蓋密，用草藁燃燒，須用武火，已沸，加食鹽，再用武火燒數透。然後改用文火爛爛。

喫法：

或下酒，或用金字塔（即窩窩頭）夾食，最佳。

第六節　龜肉

龜爲四靈之一，世人以爲詈詞，誤也。不信，請看古人之名有陸龜蒙李龜年，實在舉不勝舉。按龜有封者相，乃祥瑞之物，後人不察，遂以人妻有淫行者，呼其夫爲烏龜，實則烏龜音同汚閨，即汚人閨閫之意，罵人之不道德，而于夫何與。徐忠龜名說云：「龜爲古人所重，故命名取龜年、龜齡、龜山、龜蒙之屬，未嘗諱嫌之也。」至今閩俗猶稱用之。或云，龜不能交，與蛇爲交，既交焉，雄者惡之，濺溺爲圈，蛇觸之，輒潰爛，雌乃盤蛇于蓋，負以出，雄無如何，故以爲比，不知若是。我的意見男女兩方，須保持自己的性道德，否則一方面要偷人家的妻女，又一方面要避免自己不受烏龜之誚，是矛盾的事。所以貞操的新估價，必須雙方共同遵守，否則所謂貞操便全無意義了。因爲重視貞操當然不是壞事，但貞操與人格是無關的。我們贊成以貞操維持家庭幸福，也贊成撇去貞操義務，而以雙方的自由意志維持家庭幸福；但決不能贊成以傳統的男性自私心理爲基礎的最近立法院三讀通過之刑法修正案，關于「通姦罪」一條，僅規定有夫之婦的處分，是很不恰當的。婦女與人通姦，男子有權告訴，法院可以處分；男子與人通姦，女子無權告訴，法院也不予處罰（須被姦婦人之夫告訴始可處罰）這種條文，活現了數千年來男子的自私心理，無怪婦女界頗表憤懣了。某要人說，我國男子娶妾的太多了，積習已深，若縱嚴格說來，娶妾的人個個要犯罪的，那麼監牢裏有人滿之患了。這理由也是說不過去的，太會替納妾的人作辯護士了，想必說的人將來爲自己納妾作張本，留一條後路吧了，哈哈！再來講龜，龜有香臭的分別，且金錢綠毛兩種，可供玩賞的珍品；我鄉虞山出產極有名。據說庭院中養了綠毛龜，可防火災的；但是我沒有試驗過。常熟農民，竟有專營捉龜爲生當副產品的，終日在山峽水流處搜尋，售與賣金魚的人，再轉運上海等處，銷路尙旺。烹調龜肉，也是常熟人的特長。最有研究者，當推天主教徒。龜肉既鮮且香，我認爲勝過兔肉幾倍。（忌與人參同燒）但龜肉不僅是足快朵頤的妙味，還有滋補的功效。凡患痔瘡者，大都歡迎此物，常吃確有特效。龜板尤爲藥中神品，補心益腎滋陰增智，能治陰血不足，腰痠脚痛。龜溺也可醫啞聾等症，于是可見他的用途廣大了。

上海徐家匯小菜場，都有龜肉出售，也有連殼活賣的。殺龜須要當心，從前有一條網船上，因殺龜不愼，將殺來半死的殼漏落河中，後來河中發現怪物，鄉人食水中毒盡死，這是一莊故事。宰法以刀斬去其甲，堅者可用木杵敲去其甲，切去其頭尾四爪，用滾水泡除表面之黑皮，剖腹取出雜腸，（胆不可弄破）然後同猪肉用紅燒法煮熟。今把龜肉的烹法詳細說明于下。

選料：

1. 龜一只（香龜。）
2. 豬蹄一副（去毛。）
3. 菜油二兩（炒用。）
4. 黄酒四兩（陳酒。）
5. 醬油四兩（紅醬。）
6. 食鹽五錢（鹹頭。）
7. 白糖少許（和味用。）
8. 葱薑若干（重葱薑。——以上紅燒龜肉的材料。）
9. 山瑞二只（山瑞的肉，也極補益，可惜產在廣東，別省沒有。）
10. 老鴨一只（去淨毛。）
11. 香菇六只（放浸。）
12. 火腿兩只（切片。）
13. 薑三片（切薄片。）
14. 黃酒四兩（去腥。）
15. 紅棗二三十枚（去核。）
16. 白醬油三兩（鹹頭。）
17. 蔴油少許（香味。——以上燉山瑞的材料。）

做法：

（一）紅燒龜肉

1. 把龜肉投于熱水鑊中焯一透，撩起剝皮切成十塊。

2.次下油鍋爆炙，爆得愈透愈妙。爆黃，下酒，及葱、薑、醬油、清水，並下煨爛之豬蹄，如味淡稍加微鹽，蓋之用文火燒煮。

3.待肉爛，便下白糖和味即佳。

（二）爊山瑞

1.把山瑞宰好，瀝盡血，去淨腸肚等物，放滾開水內微燙一過，或用開水澆淋兩次更好。

2.洗刮乾淨，將肉面及殼上黑皮完全去掉，隨起去殼，但殼切不可起破。更將裙邊削下，切成片子，約一寸多長，肉也切成一寸多長大塊，並盛在淨器中。

3.另把鴨宰好，去淨毛，整個放入鍋內，加進清水，爊到四成好取起。

4.然後把山瑞殼翻轉，放在鍋底，取山瑞肉和裙邊、老鴨一併放在殼上。加進香菇、火腿片、薑片、黃酒，直爊到約八分好。再加上紅棗、白醬油、鹽、再爊到恰好，上碗，加上蔴油，即可上席。

喫法：須作一次食完，方好。

第七節　玉燕丸

玉燕丸臠肉爲團，味如燕窩，故名。美在到口即化，用作羹湯，最爲清冽。今把他的做法，詳細說明于下。

選料：

1.豬肉二斤（瘦的。）

2.腿花一斤（斬爛。）

3.黃酒二兩（同斬。）

4.醬油三兩（同斬。）

5.薑葱藕粉各少許（同斬。）

6.鮮鷄湯一缽（作羹湯用。）

7.蔴菰十只（放浸後去沙泥，同煮。——以上玉燕丸羹的材料。）

8.蟹三只（蒸熟拆肉。此時之蟹，市上不多覯，須自己在深秋儲藏活蟹滿甕，日飼以穀粒，至冬不死。惟蟹有六角蟲，一名蟹苔，又名蟹鰲，或云蟹膀、蟹胆。以舌舔之性甜，使曝之日中，堅如鐵石食之有害。但欲驗六角蟲之有無毒，當視其色澤如何。白色性堅無毒，綠則含毒，綠且褐者是絕對不可入口。——這是赤燕丸羹的材料。）

做法：

（一）玉燕丸

1. 先把瘦肉去皮，切成細屑，用食鹽、醬油、黃酒搗之成漿，俟乾後，揉之成薄片。
2. 次把腿花肉斬細用黃酒、醬油、食鹽、葱、薑、藕粉等調和，然後用乾肉片一同揑成小丸。
3. 鍋中用鷄湯煮透，投入小丸，起鍋時，放入煮熟的蔴菰或加青菜梗數段，卽行盛起。

（二）赤燕丸

1. 先把蟹肉拆好。
2. 次把腿花肉斬細，留加食鹽及藕粉少許，更調以酒類及水使黏稠為度。
3. 再用蟹粉拌入肉內，和成肉醬，用調羹於掌中成丸，煎于油中，俟色黃透，加些醬油水煎之卽可糝胡椒末佐餐。

喫法：

本食品以酥鬆為上，務使入口卽化，方為佳製。

第八節　桂魚粉

桂魚粉是照撫州汪翠篙女士的鱔魚粉仿製而成的，其味絕美。今把桂魚粉的做法詳細說明于下。

選料：

1. 桂魚一尾（用刀除好，背面上劃斜紋。）
2. 葷油四兩（或素油。）
3. 黃酒四兩（陳紹酒）
4. 醬油四兩（上號醬油。）
5. 冬菇六只（切絲。）
6. 薑花少許（切屑。）
7. 大蒜花少許（切屑。）
8. 胡椒少許（末。）
9. 糯米粉半升（煮軟。）
10. 食鹽少許（嘗味用。——以上炒桂魚粉的材

料。）

11 眞粉半盅（調漿。）

12 茄汁少許（或桔汁。）

13 辣醬油二兩（中國有五州牌辣醬油。）

14 鷄湯一碗（上湯。）

15 花生油半兩（素油。）——以上扒桂魚的材料。

）

做法：（一）炒桂魚粉

1. 把桂魚放于鍋中用清水煮至半熟，取起拆肉去骨。

2. 再把骨仍放煮魚水內，煎出其湯，將湯取起，骨棄去。

3. 再將葷油三四勺，放于鍋中，熬至鍋極熱，以魚肉放入炒之。炒五六下，即加入黃酒、醬油少許，再炒五六下，以前原湯及薑花香菰絲大蒜花加入，煮至水沸，略加胡椒，取起。

4. 然後以清水煮沸，將米粉放入鍋中，煮軟取出，仍用葷油三四勺熬，以粉放入炒之。炒停，即將煮好鱔魚及湯一併傾入，略加食鹽、醬油、胡椒，及煮沸即可供食。

（二）扒桂魚

1. 把桂魚兜背切開，先浸漬于醬酒中，再上下加眞粉，用滾油炸熟，取起，裝于碗中。

2. 次把茄汁、辣醬油、眞粉、上湯、花生油等合燒三五分鐘，煎成濃汁。

3. 然後就將此汁澆在桂魚上面，食之酥美絕倫。

喫法：均須熱食爲妙。

第九節　海參

海男子即海參的別名，有多種：色黑肉糯多刺，名刺參，又名番參，出自遼甯等處。色黃出廣海，名廣參，又名中玉色白肉粳厚糙無刺，名肥皂參或光參，又名明玉，出福建。大而粳，無刺，名瓜皮參，又名海婆，出甯波。講到品質的高下，以刺參爲最佳，瓜皮參爲最劣。無論何種，食之均能補身消痰，有人單獨食之。

然用作菜餚，實居多數。但海參一物，氣腥沙多，未食之前，以毛刷擦去沙質，放在炭火上烘過，然後用水放開，則易嫩脹。普通燒海參的和頭（配料）多以筍乾（非扁尖）作底，筍乾要用芝蔴同煮，易爛，此吾人不可不知。烹法除上述筍乾炒海參外，尚有六法，茲略說之：（一）取海參切爲細丁，加筍丁、香菌丁、火腿丁、入鷄湯作羹。（二）取海參切長條，用鷄肉汁和香菌、木耳煨爛。（三）取海參切成絲，用鷄汁涼拌，加芥末即佳。（四）取海參切長條，與魚丸或肉丸作湯。（五）取海參共蟹黃紅煨。（六）取海參共鱔絲紅煨。又有一種海味，性屬陰，名淡菜，一名東海夫人，俗稱貢干，味甘美，婦人於產後或患白帶者宜食，但久食則脫髮，不可不愼。此海貨中有分陰陽性，即蔬菜中亦具陰陽性，古諺有所謂「男不軋女濁，蘿蔔不軋菜淘」之說。今把海參和淡菜的烹法，並述于下。

選料：

1. 海參四兩（放好，洗去沙質。）
2. 腿花肉半斤（切肉絲。）
3. 筍乾若干（隨意多少。）
4. 葷油六兩（炒用。）
5. 黃酒五兩（陳酒。）
6. 醬油五兩（紅醬油。）
7. 食鹽少許（老鹽。）
8. 鷄湯一大碗（鮮味。）
9. 白糖半杯（但可隨意。）
10. 砂仁末一小包（香料。）
11. 大蒜葉幾枝（撕絲。——以上炒海參的材料。）
12. 淡菜四兩（性堅韌，燒好後，宜放飯鍋蒸十餘次，愈蒸愈出味。）
13. 肥豬肉六兩（用肋條。）
14. 香豆腐乾四塊（切薄片。——以上燒貢乾的材料。）

做法：

（一）炒海參

1. 把海參筍乾預先放透。海參切條，筍乾切絲。
2. 次把油鍋燒熱，以海參放進炒爆。
3. 然後下黃酒及醬油、食鹽、筍乾、鷄湯等類，關蓋再燒，味透，和以白糖砂仁末盛起，加大蒜絲結頂，再撒蔴油。

（二）燒貢乾

1. 把貢乾用開水泡浸，去其沙質，再用黃酒浸放。
2. 次把肥肉切薄片，和以鷄肉鮮湯與貢乾腐干一同下鍋共煨，煨熟取出。

第十節　火鍋

何以消夜？曰：「火鍋與邊爐。」火鍋是熟菜，邊爐是生肴。廣東人稱火鍋，我們江南人通稱煖鍋。有什錦火鍋和三鮮煖鍋的區分。邊爐與江南人的菊花鍋相似。另有鷄鍋，祇大世界內的中菜館有售，每桌用煤氣管，但上海菜館中不甚普遍。今把什錦火鍋、三鮮煖鍋、全生邊爐、菊花鍋、鷄鍋等喫法，分述于下。

選料：

1. 熟鷄肉海參等全料（這是什錦火鍋的材料，魚生火鍋用生魚片，就魚片隨烹隨喫。）
2. 熟豬肉魚丸等全料（這是三鮮煖鍋的材料。）
3. 鷄生、魚生、生腰花等全料（這是全生邊爐的材料。）
4. 菊花鍋材料同上。
5. 鷄鍋材料同上。

做法：1. 把各種材料燒熟。

喫法：2. 把各種生料七成薄片。

（一）什錦火鍋

1. 把熟的鷄肉、海參、燒肉、燒鴨、臘肉、魚丸、豬肚、魚片、鴨腎肝、腰片、生葱、冬筍塊，共放入火鍋中，加鷄湯待沸，入葷油一匙，乃食。
2. 魚生火鍋用魚片、魷魚片、豬肚片、腰片、响螺片、**牛肉片、鷄片、魚丸、鷄蛋、豆腐、菠菜、青菜、雪里蕻**、冬筍、生葱生薑等都生的洗淨有腥氣的加黃酒噴洧過火鍋內放湯及葷油作料沸後絡續入各物隨烹隨喫彷彿消夜邊爐風味。——以上火鍋是廣東人法。

（二）三鮮煖鍋

1. 把烹熟的鷄肉、豬肉、青魚塊三物作主料，用肉丸、魚丸、蝦蛋餃、白菜、線粉或蘿蔔（蘿蔔以甘酥水嫩爲上品，北平東郊之大底紅、西郊之蘋果青、八里莊之落八分、南苑之心里美，雖其形色各有不同，其甘酥水嫩則各臻其妙，確能賽過梨。）或洋山薯（春薯皮赤肉黃，味甘芳，塊大，烤白薯妙在文火徐徐使熟，塊大且不易透，故以「麥乂」爲佳。所謂麥乂者，五月刈麥之後，就其地略耘，即以薯種就地布之，所收吸皆麥餘之養料。種又晚，故塊小而長，奇嫩、筋脉少，故佳。以大木桶，黃泥製爲爐，中以鉛絲絡爲網，環其周，生火不須旺。就鉛絲上置薯，桶上蒙以蓋，烘之久之始熟。養與蒸洗滌維謹，獨烤不須洗，洗則味散不佳。聞北平鄉人有食烤薯者，以黃泥生塗之，擲火爐中，泥乾裂，薯熟，發奇香。烤薯不洗泥，或與此理相同？）等物作輔助料。煖鍋式樣是在鍋子的中間，突出一圓火囱，囱內置炭火，各肴分佈火囱四周，炭火既熾，湯沸極速，湯竭隨時加入，隨時能沸，吃時宜注意。

2. 冬令氣候寒冷，每餐菜肴出鍋即冷，于是乎煖鍋大大的適用了。可把一切的殘肴裝進煖鍋內，放些鮮湯、葷油，吃飯時，便不致肚裏結冰了。冬天各包飯館送飯菜，多採用此法。

（三）全生邊爐

1. 全生邊爐包括鷄生、魚生、腰片生、魷魚生、蝦仁生、牛肉生、肝生、生卵各物在內，所謂生，即指各物都是生的意思。

2. 邊爐大都用炭火黃泥小爐，亦有用火精爐，電爐，或煤氣管爐的，那似乎比較清潔些，可是普通菜館和宵夜館設備較簡，大多數用炭爐的。炭爐是加小鐵鍋或沙鍋，入鷄湯，既沸，加葷油，用箸夾各生入熟湯燙而食，佐以菠菜黃芽菜，可清口味。普通到菜館裏吃公司邊爐，定價約一元、元半、二元、三元等數種，規定各生盆數，比較零點價值稍廉。

（四）菊花鍋

1. 上海人的菊花鍋，彷彿邊爐。因為初創時多用菊花式的火酒爐，所以有這名稱。

2. 鍋子也是用薄紫銅小扁鍋，發火極快，現在也和粵人的邊爐同化，鍋爐都隨便了。

（五）鷄鍋

1. 鷄鍋重用生鷄片，輔佐生盆，多屬輕之物，盛行于日本東京等處。上海前幾年有兩處地方專以鷄鍋作號召的，一為已停歇的「麥司凱」兩菜館，一為大世界內的中菜館，不備尋常邊爐，每桌都裝置煤氣管，頗覺精潔靈巧。

——廿三年十二月廿五完稿于姑蘇泗井巷

十八號——

書名：家庭新食譜
系列：心一堂•飲食文化經典文庫
原著：【民國】時希聖
主編•責任編輯：陳劍聰

出版：心一堂有限公司
通訊地址：香港九龍旺角彌敦道六一〇號荷李活商業中心十八樓〇五一〇六室
深港讀者服務中心：中國深圳市羅湖區立新路六號羅湖商業大厦負一層〇〇八室
電話號碼：(852) 67150840
網址：publish.sunyata.cc
淘宝店地址：https://shop210782774.taobao.com
微店地址：　https://weidian.com/s/1212826297
臉書：　　　https://www.facebook.com/sunyatabook
讀者論壇：　http://bbs.sunyata.cc

香港發行：香港聯合書刊物流有限公司
地址：香港新界大埔汀麗路36號中華商務印刷大廈3樓
電話號碼：(852) 2150-2100
傳真號碼：(852) 2407-3062
電郵：info@suplogistics.com.hk

台灣發行：秀威資訊科技股份有限公司
地址：台灣台北市內湖區瑞光路七十六巷六十五號一樓
電話號碼：+886-2-2796-3638
傳真號碼：+886-2-2796-1377
網絡書店：www.bodbooks.com.tw
心一堂台灣國家書店讀者服務中心：
地址：台灣台北市中山區松江路二〇九號1樓
電話號碼：+886-2-2518-0207
傳真號碼：+886-2-2518-0778
網址：http://www.govbooks.com.tw

中國大陸發行　零售：深圳心一堂文化傳播有限公司
深圳地址：深圳市羅湖區立新路六號羅湖商業大厦負一層008室
電話號碼：(86)0755-82224934

版次：二零一四年十一月初版，平裝

定價：港幣　九十八元正
　　　人民幣　九十八元正
　　　新台幣　三百八十元正

國際書號 ISBN 978-988-8266-98-2

心一堂微店二維碼

版權所有 翻印必究